Eisert · Heinrich · Reich

Wetterjahr 2019

Wetter · Klima · Natur

WINDTURM

INHALT

INHALT

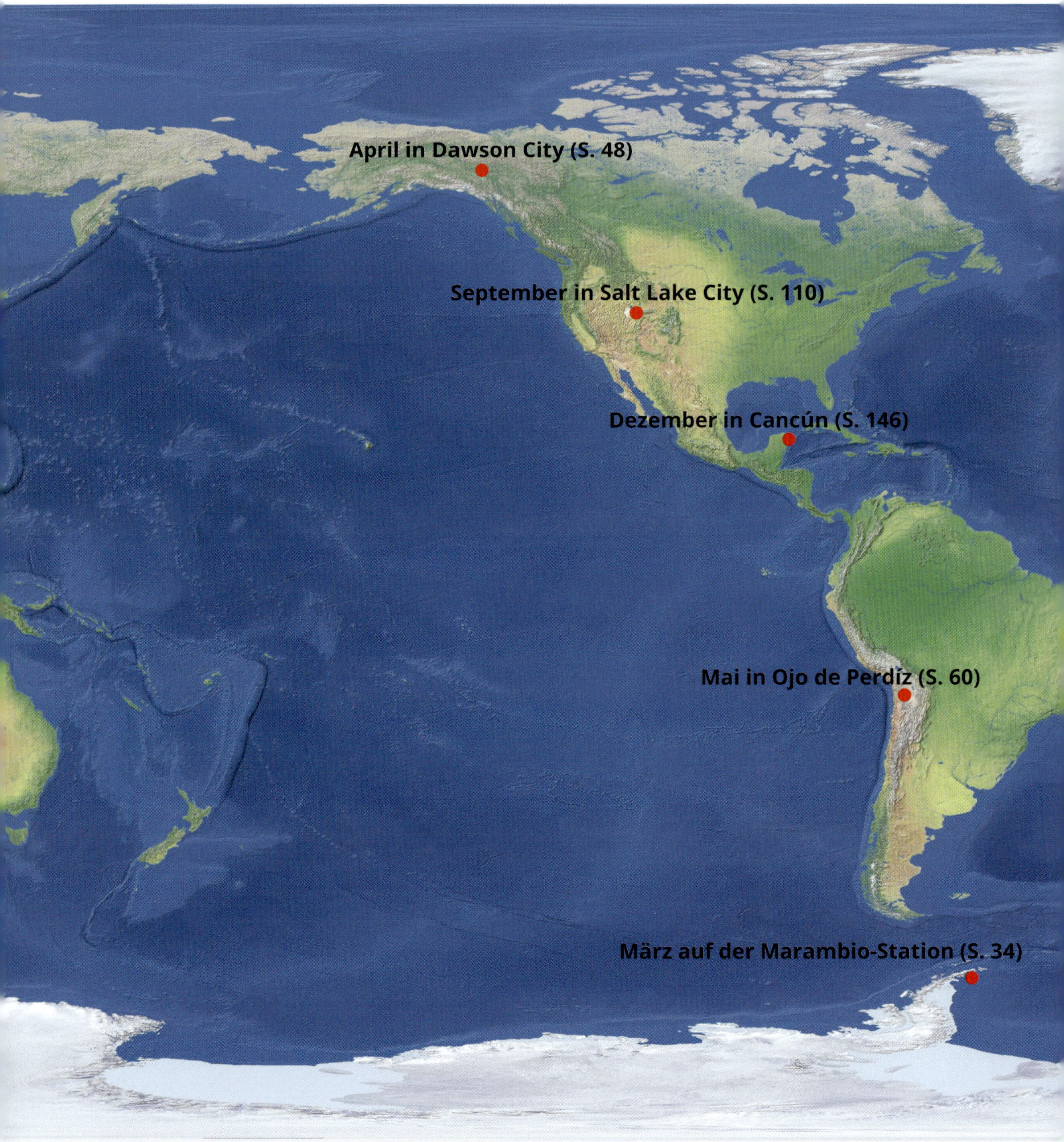

Wetter- und Klimainfos für ausgewählte Orte, z. B. Dawson City (S. 48): In der ehemaligen Goldgräberstadt wird im April gewettet, wann das Eis auf dem Yukon aufbricht. Ojo de Perdíz (S. 60): In einem der am höchsten gelegenen Hotels der Welt gibt es im Empfangsraum eine Sauerstoff-Flasche.

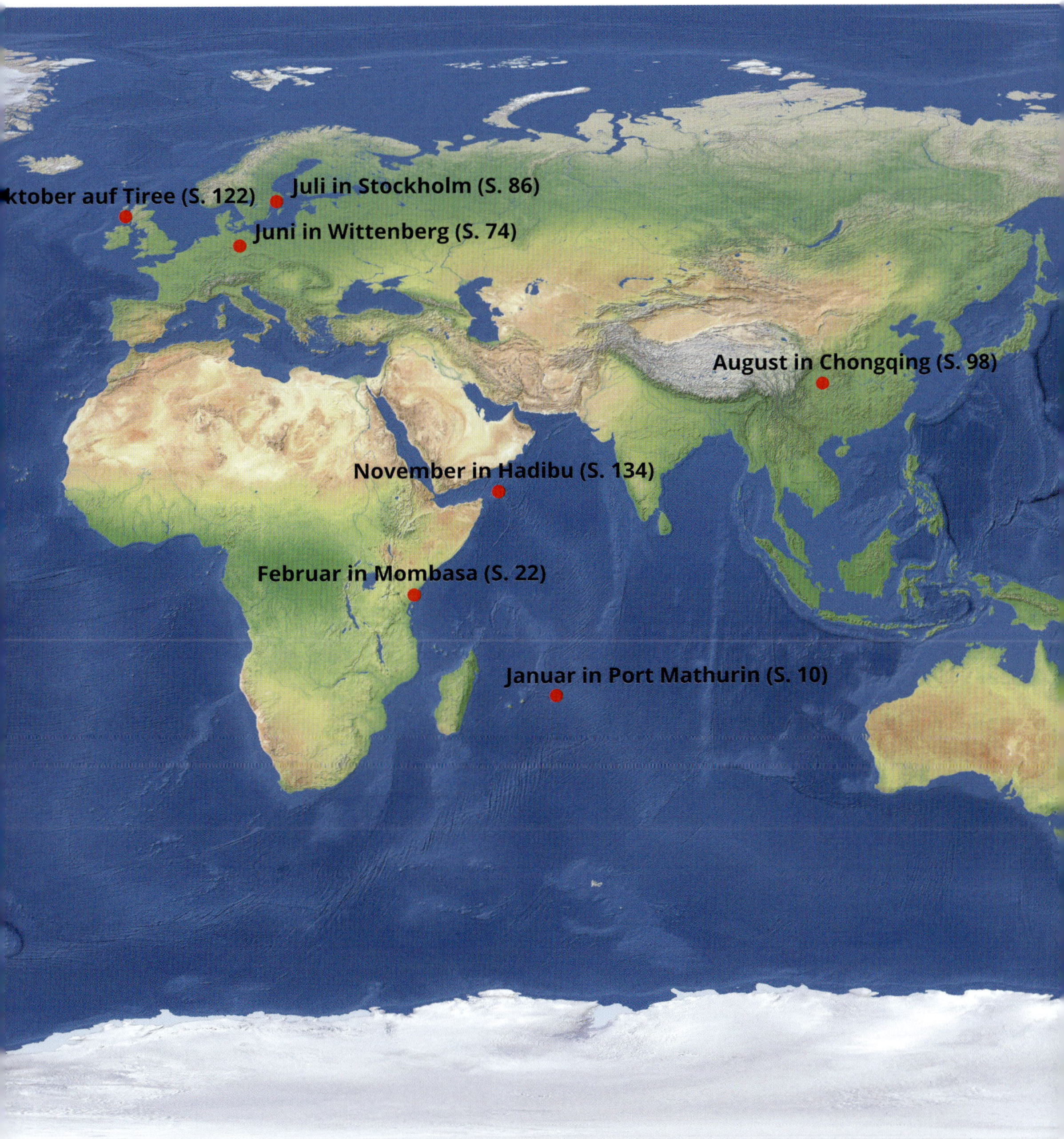

Chongqing (S. 98): Die Stadt trägt nicht nur den Titel „Nebelhauptstadt“, sondern gehört auch zu den „drei Öfen“ Chinas, wie die heißesten Städte genannt werden. Tiree (S. 122): Auf der Hebriden-Insel treffen sich im Oktober die Windsurfer zu den „Tiree Wave Classics“.

Das Wetterjahr

Abwechslungsreich wie das Wetter soll auch die neue Wetterjahr-Ausgabe sein. In verschiedenen Rubriken geht es um eine Vielzahl von Informationen rund um das Wetter und seine Auswirkungen auf Natur und Umwelt. Für jeden Monat des Jahres werden außerdem typische Wetterlagen vorgestellt, der anschließende Wetterkalender (mehr dazu auf den nächsten Seiten) ist garniert mit außergewöhnlichen Wetterereignissen, kommentierten Wetterregeln und meteorologischen „Spezialitäten". Im Service-Teil am Ende des Buchs sind zahlreiche Tabellen und Infos aufbereitet, unter anderem über Pollenflug, Biowetter und UV-Index. Zu den Themen im Wetterjahr finden Sie im Internet unter www.wetterjahr.de Tipps der Autoren zum Weiterlesen. Dort gibt es auch empfehlenswerte Internetadressen für alle Wetterinteressierten und weitere Informationen.

In dieser Ausgabe unter anderem

Wetterwissen (Februar, S. 23): Historischer Staubsturm in Melbourne

Monatsthema (April, ab S. 56): Der neue Wolkenatlas

Wetter und Natur (Juni, S. 74): Blitzschäden an Bäumen

Wetterkalender (September, S. 114): Schnee in Südafrika

Der Wetterkalender

Ist das aktuelle Wetter ungewöhnlich? Welche Temperaturen wären gerade normal? Der Wetterkalender zeigt für sieben deutsche Städte, welche Tiefst- und Höchsttemperaturen in der jeweiligen Woche im Mittel zu erwarten sind und welche Extremwerte in den letzten Jahren gemessen wurden. Die Städte (Hamburg, Berlin, Düsseldorf, Erfurt, Frankfurt/M., Stuttgart, Augsburg) sind so ausgewählt, dass sie die unterschiedlichen Wetterregionen Deutschlands repräsentieren. Beispielsweise können die Messwerte von Augsburg auch für München als Richtwert verwendet werden. Die Temperaturangaben beziehen sich in dieser Wetterjahr-Ausgabe auf den dreißigjährigen Zeitraum 1988 bis 2017. Ein Beispiel (siehe Grafik unten): Am 6. März 2019 ist für Düsseldorf eine mittlere Tiefsttemperatur von 2,2 °C und eine mittlere Höchsttemperatur von 10 °C vermerkt. Diese Werte gelten für die gesamte Kalenderwoche und wurden aus allen Messungen vom 4. bis 10. März der Jahre 1988 bis 2017 errechnet. Die tiefste Temperatur gab es in diesem Zeitraum im Jahr 2010, damals kühlte es in Düsseldorf bis auf -6,7 °C ab. Am wärmsten war es dagegen im Jahr 2014, als ein Höchstwert von 20,9 °C gemessen wurde.

Im Wetterkalender ist Platz für eigene Wetterbeobachtungen (z. B. Temperatur, Wolken, Wind, Niederschlag, Gewitter) und für Naturbeobachtungen (z. B. Beginn der natürlichen Jahreszeiten, siehe Tabelle auf S. 166). Dabei benötigen Sie kein meteorologisches Fachwissen und auch keine speziellen Messgeräte. Die Eintragungen können als Gedächtnisstütze dienen, beispielsweise wenn Sie ein Jahr später wissen wollen, wann im letzten Winter Schnee gelegen hat oder wann im letzten Frühjahr der erste Flieder geblüht hat. Sie werden erstaunt sein, wie groß die Schwankungen von Jahr zu Jahr sind und wie ungenau sich manche Ereignisse in die Erinnerung einprägen.

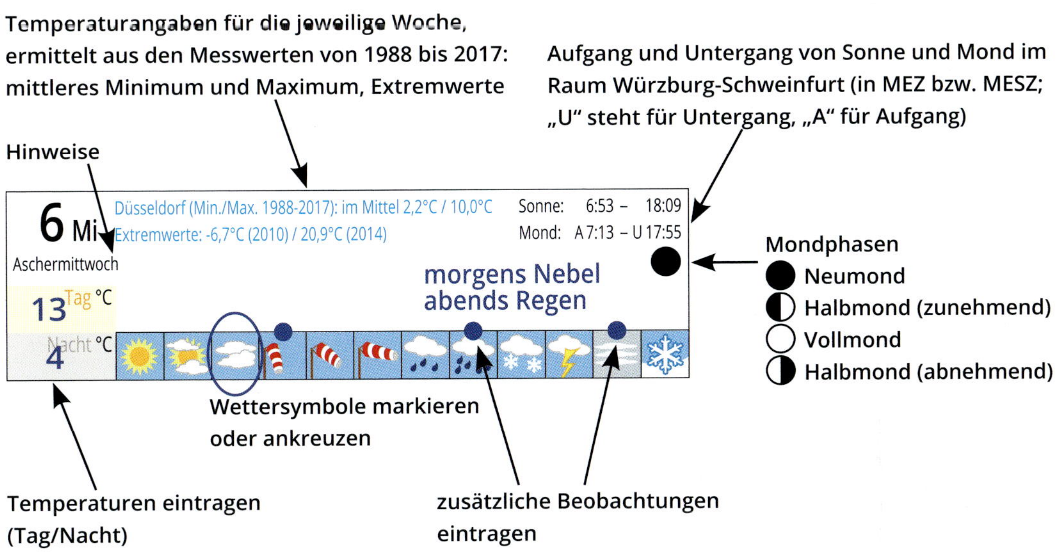

Am besten eignet sich für Wetterbeobachtungen der Nachmittag. Im Tagesverlauf können sich natürlich auch mehrere interessante Ereignisse ergeben.

Für die Angabe der **Temperatur** gibt es mehrere Möglichkeiten: Entweder Sie haben ein Außenthermometer an einem schattigen Platz oder Sie schätzen die Temperatur, z. B. mit Hilfe der Temperaturvorhersage in der Wetterprognose. Die Temperaturen können auch exakte Messwerte (beispielsweise eines Thermometers mit Maximum- und Minimumspeicher) sein, müssen es aber nicht.

Die drei **Wolkensymbole** bedeuten:
- wolkenlos oder nur wenige Wolken,
- zahlreiche Wolken am Himmel,
- bedeckt, allenfalls ein paar Wolkenlücken.

Für die **Windstärke** sind drei Abstufungen zum Markieren vorgesehen:
- Windstille oder leichter Wind (0 bis 20 km/h, Wind nur leicht spürbar),
- mäßiger Wind (20 bis 40 km/h, Wind deutlich wahrnehmbar),
- starker Wind (mehr als 40 km/h, Gehen gegen den Wind zunehmend erschwert).

Für den **Niederschlag** gibt es Symbole für leichten Regen, mäßigen bis starken Regen und Schneefall. Zusätzlich kann vermerkt werden, ob es sich um länger anhaltenden Niederschlag oder um einen oder mehrere Schauer handelt.

Besondere Ereignisse sind Gewitter, Nebel oder eine Schneedecke. Ein Gewittertag ist ein Tag, an dem man mindestens einen Donner gehört hat, egal aus welcher Entfernung (in der Regel sind es maximal 20 km). Gibt es nur Wetterleuchten, handelt es sich um keinen „offiziellen" Gewittertag.

Weitere **eigene Beobachtungen** können sein: starker Schneefall, Schneehöhe, Luftfeuchte (z. B. schwüle Luft), Windrichtung, besonders starker Wind, Luftdruck oder Luftdruckänderung sowie Eintrittstermine von Blüte, Reife oder Laubfall. Da die Pflanzenentwicklung je nach Standort stark variiert, empfiehlt es sich, bei Naturbeobachtungen auch den Beobachtungsort anzugeben.

Die täglich angegebenen **Aufgangs- und Untergangszeiten von Sonne und Mond** beziehen sich auf den Raum Würzburg-Schweinfurt (50 Grad nördliche Breite, 10 Grad östliche Länge). Für die Sonnenzeiten finden Sie auf S. 172/173 monatliche Übersichtskarten für ganz Mitteleuropa. Anhand dieser Karten kann man auch für jeden Monat einen Korrekturwert für den eigenen Standort bestimmen.

Wettersymbole im Überblick

Bewölkung			Windstärke			Niederschlag			besondere Ereignisse		
sonnig	wolkig	(fast) bedeckt	schwach	mäßig	stark	Regen leicht	Regen mäßig bis stark	Schnee	Gewitter	Nebel	Schneehöhe

In der Nacht zum 19. Januar 2017 lag auf dem Fichtelberg im Erzgebirge (1215 m) der Schnee 115 cm hoch. Im böigen Ostwind fühlten sich die Temperaturen um -11 °C noch kälter an. Das Bild zeigt den Turm der Wetterwarte. Am 1. Januar 1916 wurden auf dem Fichtelberg regelmäßige Wetterbeobachtungen begonnen, die auch in den Kriegsjahren lückenlos fortgesetzt werden konnten. Ab dem 1. Januar 2019 gibt es nur noch vollautomatische Messungen. Die bisherigen Augenbeobachtungen wie Wetterzustand, Wolkenart oder Erdbodenzustand entfallen. Besonders während der Wintermonate ist die Datenqualität infrage gestellt, da die sehr häufig nötige Wartung der Messgeräte nicht mehr kontinuierlich erfolgen kann. Probleme bereitet außerdem die auf dem exponierten Gipfel schwierige Automatisierung der Schneehöhenmessung.

1

Wetter und Natur

Frostwechselschäden an Nadelbäumen

Einheimische Nadelbäume sind grundsätzlich gut an Fröste angepasst. Abhängig von der Jahreszeit liegt die kritische Temperatur bei der Fichte zwischen -5 und -37 °C. Unter bestimmten Voraussetzungen können aber dennoch Frostschäden entstehen. Erfrierungsschäden treten in ungewöhnlich kalten Frühlings- und Herbstnächten, aber auch im Winter bei tiefen Temperaturen unter der aktuellen Frosthärte der Bäume auf. Von Frosttrocknis spricht man, wenn die Nadeln bei Sonneneinstrahlung Wasser verdunsten und der gefrorene Boden das Defizit nicht ausgleichen kann, so dass es zur Austrocknung der Nadeln kommt.
Frostwechselschäden sind das Resultat mehrfacher schneller Auftau- und Gefriervorgänge, die physiologisch dieselbe Wirkung zur Folge haben wie tiefe Temperaturen. Im Winter 1986/1987 waren Gebiete in der Ost- und Zentralschweiz betroffen. Damals wurden die Schäden durch eine kalte nordöstliche Bodenströmung ausgelöst, die von einer Höhenföhnlage überlagert wurde. An der Grenzschicht dieser beiden Luftmassen kam es am 14. Januar 1987 zwischen 700 und 1100 m Höhe zu mehrfachen und abrupten Temperatursprüngen. Dabei wurden die Nadeln innerhalb weniger Minuten von -10 auf +8 °C aufgeheizt und ebenso schnell wieder abgekühlt. Dieser Vorgang führte zu charakteristischen Nadelverbräunungen, die sich wie Höhenlinien in der Landschaft bemerkbar machten. Die meisten der betroffenen Bäume konnten sich aber innerhalb weniger Jahre wieder gut erholen.

Die Nadelverbräunung durch Frostwechselschäden zieht sich oft wie ein roter Gürtel („Red Belt") den Hang entlang. Dieses Phänomen kommt besonders in Nordamerika und Skandinavien, gelegentlich aber auch in den Alpen vor.

Januar in Port Mathurin

Port Mathurin (19° 43' S, 63° 25' O) ist der Hauptort der kleinen Insel Rodrigues, 580 km östlich der Hauptinsel Mauritius gelegen. Dort herrscht ganzjährig ein tropisch warmes und feuchtes Klima. In den „kühlen" Monaten des Jahres (Juni bis Oktober) liegen die mittleren Höchstwerte um 25 °C und die Tiefstwerte nahe 20 °C. Von Januar bis April erreichen die Temperaturen durchschnittlich 29 °C und in den Nächten rund 24 °C. Der Hitzerekord für Januar seit Beginn der Messungen im Jahr 1961 beträgt 33,9 °C. In der wärmeren Jahreszeit fällt zudem deutlich mehr Regen. Die mittleren Monatsmengen liegen dann bei 150 mm, im September und Oktober dagegen nur bei knapp 50 mm. Von Dezember bis April besteht die Gefahr, dass tropische Zyklone auf Rodrigues Schäden verursachen. Am 31. Januar 1991 zog das Zentrum von „Bella" 50 km westlich der Insel vorbei. Durch die Sturmflut kam es zu massiven Überschwemmungen in Port Mathurin.

Wetterwissen

Tückischer Nebelfrost

In der Nacht zum 9. Januar 2018 gab es auf den Mittelgebirgsgipfeln an Bäumen und Gebäuden dicke Nebelfrostablagerungen. Auf den Bergwetterwarten war viel Aufwand nötig, um die Messgeräte frei zu halten. Wenn die Temperatur unter dem Gefrierpunkt liegt und gleichzeitig Nebel herrscht, dann frieren die kleinen Wassertröpfchen an Bäumen und Gegenständen an. Die Eisgebilde wachsen dem Wind entgegen, umso schneller, je mehr Wind weht. Dabei sind die Ablagerungen bei Werten knapp unter dem Gefrierpunkt sehr kompakt und werden bei tieferen Temperaturen immer zerbrechlicher.
Auf dem Fichtelberg hatte sich bereits am Vortag eine dünne Eisschicht abgesetzt. An dieser konnten bei stürmischem Südostwind mit Windspitzen bis 93 km/h und nassem, dichtem Nebel innerhalb von 24 Stunden bis zu 50 cm lange Nebelfrostablagerungen wachsen. Zunächst entstand bei Temperaturen unter -2° C sogenanntes Raueis. Es ist körnig und grauweiß. Mit Annäherung einer Warmfront von Süden her stiegen die Temperaturen langsam in Richtung Gefrierpunkt. Bei solchen Verhältnissen bildet sich Klareis. Es ist durchsichtig bis weißlich sowie sehr fest und schwer. Im Gegensatz zu Blitzeis, das durch gefrierenden Regen entsteht, hat es eine unregelmäßige Oberfläche. Starke Klareisablagerungen bringen extreme Eislasten mit sich. An der Wetterwarte Fichtelberg müssen vor allem auf dem Dach Klareisablagerungen regelmäßig beseitigt werden, denn dort wachsen sie besonders schnell und können die Statik des Gebäudes beeinflussen.

Der 9. Januar 2018 brachte auf dem Fichtelberg auch ohne Schneefall tief winterliche Verhältnisse.

Typische Wetterlagen im Januar

Südwest, West: Milde Temperaturen (5 bis 12 °C) und schneller Wechsel zwischen Regenwetter und Phasen mit Wetterberuhigung. Besonders in Mittel- und Norddeutschland Durchzug von Regengebieten, dazu oft starker Wind. Nach Süden hin und in den Alpen zeitweise sonnig. Warme Luft vom Atlantik oder Mittelmeer führt manchmal zu frühlingshaften Temperaturen bis zu 15 °C.

Nordwest, Nord, Tiefdrucklage über Mitteleuropa: Wechselhaftes und nasskaltes Wetter. Immer wieder Regen und Schnee bei 0 bis 5 °C, dazwischen etwas Sonne. In tiefen Lagen keine dauerhafte Schneedecke, oberhalb 500 bis 900 m teilweise viel Neuschnee. In den Wintersportregionen hofft man auf diese Wetterlage, denn dann gibt es gute Chancen für eine lange Saison.

Nordost, Ost: Bei Beginn dieser Wetterlage Schnee bis in die Tieflagen, dann immer mehr Sonne bei eisig kaltem Wind. Dauerfrost zwischen -10 und -3 °C, in klaren Nächten über Schnee Temperaturen unter -15 °C. Strenge Winter gibt es immer dann, wenn diese Situation länger anhält.

Südost, Süd, Hochdrucklage über Mitteleuropa: Im Flachland Dunst oder Hochnebel, das heißt häufig nur wenig Sonne und mäßig kalt bei -5 bis knapp über 0 °C. In den Mittelgebirgen und Alpen sonnig bei tiefblauem Himmel und guter Fernsicht, einzelne hohe Wolkenfelder. In 700 bis 1500 m mit 0 bis 7 °C wärmer als im Flachland. Fällt bei Umstellung auf Westwetter Regen durch diese warme Luft auf den gefrorenen Boden im Flachland, kommt es zu Glatteis.

Am 26. Januar 2013 herrschte in Deutschland und im Alpenraum häufig Dauerfrost wie hier am oberbayerischen Wörthsee. Ein paar Tage später wurden im starken Westwind bis über 15 °C erreicht.

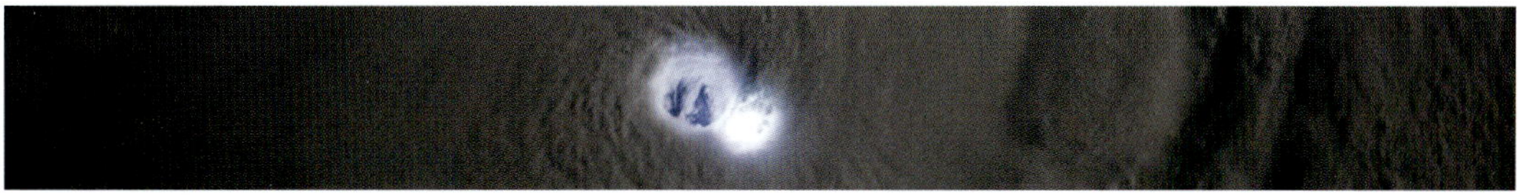

1 Di Berlin (Min./Max. 1988-2017): im Mittel -1,7°C / 3,1°C — Sonne: 8:19 – 16:28
Extremwerte: -17,9°C (1997) / 14,2°C (1999) — Mond: A 3:23 – U 13:46
Neujahr
Tag °C
Nacht °C

2 Mi Düsseldorf (Min./Max. 1988-2017): im Mittel 0,6°C / 5,8°C — Sonne: 8:18 – 16:29
Extremwerte: -20,8°C (1997) / 15,7°C (1999) — Mond: A 4:33 – U 14:14
Tag °C
Nacht °C

3 Do Erfurt (Min./Max. 1988-2017): im Mittel -2,6°C / 2,4°C — Sonne: 8:18 – 16:30
Extremwerte: -20,0°C (2009) / 13,3°C (1999) — Mond: A 5:40 – U 14:47
Erde in Sonnennähe (morgens)
Tag °C
Nacht °C

4 Fr Frankfurt/M. (Min./Max. 1988-2017): im Mittel -0,5°C / 4,5°C — Sonne: 8:18 – 16:32
Extremwerte: -16,8°C (1997) / 15,3°C (1999) — Mond: A 6:42 – U 15:27
Tag °C
Nacht °C

5 Sa Stuttgart (Min./Max. 1988-2017): im Mittel -2,3°C / 4,1°C — Sonne: 8:18 – 16:33
Extremwerte: -15,9°C (1997) / 15,5°C (1999) — Mond: A 7:39 – U 16:12
Tag °C
Nacht °C

6 So Augsburg (Min./Max. 1988-2017): im Mittel -3,3°C / 3,0°C — Sonne: 8:18 – 16:34
Extremwerte: -18,1°C (2004) / 14,1°C (1999) — Mond: A 8:28 – U 17:04
Hl. Drei Könige
Tag °C
Nacht °C

Leuchtendes Auge

Vom 10. bis 18. Januar 2015 zog die tropische Zyklone „Bansi" östlich von Madagaskar über den Indischen Ozean. Mit mittleren Windgeschwindigkeiten von 220 km/h und einem Kerndruck von 910 hPa erreichte „Bansi" vorübergehend die höchste Intensitätsstufe. Das Foto oben entstand am 12. Januar 2015 und zeigt das Auge der Zyklone aus Sicht der ISS. Rund um das Auge herrscht häufig eine hohe Blitzaktivität, denn hier befindet sich ein nahezu kreisförmiger Ring aus hochreichenden Gewitterwolken mit den höchsten Windgeschwindigkeiten des tropischen Wirbelsturms. Der Durchmesser des Auges beträgt typischerweise einige 10 km, mit Extremwerten zwischen etwa 8 km und über 200 km. Das Auge ist das Gebiet mit dem niedrigsten Luftdruck und den höchsten Temperaturen. In etwa 12 km Höhe kann die Luft im Auge 10 Grad wärmer sein als in der Umgebung, während der Unterschied am Boden meist weniger als 2 Grad beträgt.

Wetter und Garten

Im Gegensatz zum Echten Jasmin, der keine Temperaturen unter 0 °C verträgt, ist der Duftjasmin (oder Pfeifenstrauch) vollständig winterhart. Ab dem zweiten Winter nach der Pflanzung überstehen die Sträucher selbst tiefste Temperaturen ohne Probleme und treiben im Frühjahr wieder aus. Die Wurzeln des Duftjasmins reichen tief in die Erde, so dass nur in sehr trockenen Wintern gewässert werden sollte, vorausgesetzt der Boden ist nicht gefroren. Frisch gepflanzter Duftjasmin reagiert dagegen noch etwas empfindlicher gegen Frost und Austrocknung. Durch eine Mulchdecke aus Laub oder Kompost unter dem Strauch lässt sich der Wurzelstock schützen.

Der Duftjasmin ist ein heimisches Gewächs und an mitteleuropäische Winter gut angepasst.

7 Mo
Hamburg (Min./Max. 1988-2017): im Mittel 0,6°C / 5,3°C
Extremwerte: -16,1°C (2003) / 14,3°C (2005)
Sonne: 8:17 – 16:35
Mond: A 9:11 – U 18:01
Tag °C
Nacht °C

8 Di
Berlin (Min./Max. 1988-2017): im Mittel -0,3°C / 4,5°C
Extremwerte: -18,9°C (2009) / 15,5°C (1991)
Sonne: 8:17 – 16:36
Mond: A 9:46 – U 19:02
Tag °C
Nacht °C

9 Mi
Düsseldorf (Min./Max. 1988-2017): im Mittel 1,4°C / 6,8°C
Extremwerte: -19,9°C (2009) / 16,4°C (1993)
Sonne: 8:16 – 16:38
Mond: A 10:15 – U 20:04
Tag °C
Nacht °C

10 Do
Erfurt (Min./Max. 1988-2017): im Mittel -1,9°C / 3,9°C
Extremwerte: -20,0°C (2009) / 14,7°C (1991)
Sonne: 8:16 – 16:39
Mond: A 10:41 – U 21:08
Tag °C
Nacht °C

11 Fr
Frankfurt/M. (Min./Max. 1988-2017): im Mittel 0,2°C / 5,4°C
Extremwerte: -16,0°C (2009) / 15,9°C (2015)
Sonne: 8:15 – 16:40
Mond: A 11:03 – U 22:12
Tag °C
Nacht °C

12 Sa
Stuttgart (Min./Max. 1988-2017): im Mittel -1,7°C / 5,1°C
Extremwerte: -14,9°C (2009) / 17,1°C (1991)
Sonne: 8:15 – 16:42
Mond: A 11:24 – U 23:17
Tag °C
Nacht °C

13 So
Augsburg (Min./Max. 1988-2017): im Mittel -2,4°C / 3,6°C
Extremwerte: -18,3°C (2017) / 16,6°C (1993)
Sonne: 8:14 – 16:43
Mond: A 11:44 – U - -
Tag °C
Nacht °C

14 Mo
Hamburg (Min./Max. 1988-2017): im Mittel 0,4°C / 4,9°C
Extremwerte: -9,7°C (2013) / 13,6°C (1993)
Sonne: 8:14 – 16:44
Mond: U 0:23 – A 12:05
Tag °C
Nacht °C

15 Di
Berlin (Min./Max. 1988-2017): im Mittel -0,5°C / 4,2°C
Extremwerte: -10,2°C (2016) / 13,9°C (2007)
Sonne: 8:13 – 16:46
Mond: U 1:31 – A 12:28
Tag °C
Nacht °C

16 Mi
Düsseldorf (Min./Max. 1988-2017): im Mittel 1,3°C / 6,4°C
Extremwerte: -8,7°C (2001) / 15,8°C (1993)
Sonne: 8:12 – 16:47
Mond: U 2:42 – A 12:55
Tag °C
Nacht °C

17 Do
Erfurt (Min./Max. 1988-2017): im Mittel -2,2°C / 3,3°C
Extremwerte: -17,2°C (2016) / 13,5°C (2007)
Sonne: 8:11 – 16:49
Mond: U 3:55 – A 13:28
Tag °C
Nacht °C

18 Fr
Frankfurt/M. (Min./Max. 1988-2017): im Mittel -0,8°C / 4,8°C
Extremwerte: -14,3°C (1997) / 14,3°C (1993)
Sonne: 8:10 – 16:50
Mond: U 5:09 – A 14:08
Tag °C
Nacht °C

19 Sa
Stuttgart (Min./Max. 1988-2017): im Mittel -2,5°C / 4,4°C
Extremwerte: -13,8°C (2006) / 14,3°C (1993)
Sonne: 8:09 – 16:52
Mond: U 6:21 – A 15:01
Tag °C
Nacht °C

20 So
Augsburg (Min./Max. 1988-2017): im Mittel -3,7°C / 2,8°C
Extremwerte: -14,9°C (2017) / 13,9°C (2007)
Sonne: 8:08 – 16:53
Mond: U 7:26 – A 16:05
Tag °C
Nacht °C

Sturmtief am Jahrestag

Am 18. Januar 2018 überquerte Orkantief „Friederike“ Deutschland von West nach Ost, auf den Tag genau elf Jahre nach dem Orkan „Kyrill“. Auch der Wochentag stimmte überein. Das Hauptsturmfeld von „Friederike“ war nicht ganz so groß wie bei „Kyrill“ und erstreckte sich in einem Streifen von Nordrhein-Westfalen bis nach Sachsen. Hier wurden in Windböen 120 bis über 130 km/h gemessen. Auf den Autobahnen wurden LKWs vom Sturm umgerissen. Die Deutsche Bahn stellte ab Mittag ihren Betrieb deutschlandweit ein. Extreme Orkanböen gab es auch auf den Bergen mit 174 km/h auf dem Fichtelberg und 204 km/h auf dem Brocken.

20. Januar: „Fabian, Sebastian, da steigt der Saft den Baum hinan.“

Am niedrigsten ist die Holzfeuchte von Ende November bis Mitte Januar. Das Holz von in dieser Zeit gefällten Bäumen lässt sich daher am schnellsten trocknen. Noch lange vor dem Austrieb der Bäume im Frühling steigt die Holzfeuchte langsam wieder an, meist ab Ende Januar.

Wintereinbruch in Tokio

In Tokio gibt es normalerweise in jedem Winter ein paar Tage mit Schneefall, doch bleibt der Schnee dann oft nicht liegen. Ungewöhnlich intensiv schneite es in Tokio dagegen am 22. Januar 2018. Der Schneefall erreichte am Abend während des Berufsverkehrs seinen Höhepunkt und zog sich bis in die Nacht hinein. In der Stadtmitte lag der Schnee zum Teil mehr als 10 cm hoch. Zum ersten Mal seit 2014 gab das nationale Wetteramt am Nachmittag eine Schneewarnung für alle Bezirke der Hauptstadt heraus. Auf den Straßen kam es zu einem Verkehrschaos. Schon an kleineren Steigungen blieben Fahrzeuge hängen. Manche Fahrer legten Schneeketten an.

Ostsee-Winterextreme

Im Winter 1323/24 war die Ostsee mehr als zehn Wochen lang zugefroren. Auf dem Eis wurden Wirtshäuser eingerichtet, da man von Pommern nach Dänemark über das Eis reiste. Der Winter des Jahres 1582 war dagegen so mild, dass im Februar die Bäume blühten und bereits im Mai die Ernte eingefahren wurde.

21 Mo
Hamburg (Min./Max. 1988-2017): im Mittel -1,4°C / 3,4°C
Extremwerte: -16,5°C (2010) / 12,2°C (1993)
Sonne: 8:07 – 16:55
Mond: U 8:21 – A 17:20
Totale Mondfinsternis (frühmorgens) ○
Tag °C
Nacht °C

22 Di
Berlin (Min./Max. 1988-2017): im Mittel -2,5°C / 2,6°C
Extremwerte: -18,1°C (2006) / 13,6°C (1993)
Sonne: 8:06 – 16:57
Mond: U 9:05 – A 18:42
Tag °C
Nacht °C

23 Mi
Düsseldorf (Min./Max. 1988-2017): im Mittel 0,0°C / 5,5°C
Extremwerte: -13,2°C (2010) / 14,1°C (2016)
Sonne: 8:05 – 16:58
Mond: U 9:41 – A 20:05
Tag °C
Nacht °C

24 Do
Erfurt (Min./Max. 1988-2017): im Mittel -3,0°C / 1,9°C
Extremwerte: -17,2°C (2010) / 11,7°C (1990)
Sonne: 8:04 – 17:00
Mond: U 10:11 – A 21:26
Tag °C
Nacht °C

25 Fr
Frankfurt/M. (Min./Max. 1988-2017): im Mittel -0,8°C / 4,6°C
Extremwerte: -12,8°C (2017) / 14,1°C (2002)
Sonne: 8:03 – 17:02
Mond: U 10:37 – A 22:45
Tag °C
Nacht °C

26 Sa
Stuttgart (Min./Max. 1988-2017): im Mittel -2,3°C / 3,9°C
Extremwerte: -14,5°C (2000) / 16,0°C (2016)
Sonne: 8:02 – 17:03
Mond: U 11:02 – A - -
Tag °C
Nacht °C

27 So
Augsburg (Min./Max. 1988-2017): im Mittel -3,6°C / 2,2°C
Extremwerte: -20,4°C (2000) / 13,8°C (2016)
Sonne: 8:01 – 17:05
Mond: A 0:00 – U 11:25
◑
Tag °C
Nacht °C

28 Mo
Hamburg (Min./Max. 1988-2017): im Mittel -0,8°C / 4,2°C
Extremwerte: -14,5°C (2012) / 16,1°C (2002)
Sonne: 7:59 – 17:07
Mond: A 1:13 – U 11:50

Tag °C

Nacht °C

29 Di
Berlin (Min./Max. 1988-2017): im Mittel -1,5°C / 3,6°C
Extremwerte: -15,0°C (2012) / 16,5°C (2002)
Sonne: 7:58 – 17:08
Mond: A 2:24 – U 12:18

Tag °C

Nacht °C

30 Mi
Düsseldorf (Min./Max. 1988-2017): im Mittel 0,1°C / 5,9°C
Extremwerte: -12,3°C (2012) / 17,2°C (2002)
Sonne: 7:57 – 17:10
Mond: A 3:32 – U 12:49

Tag °C

Nacht °C

31 Do
Erfurt (Min./Max. 1988-2017): im Mittel -3,2°C / 2,4°C
Extremwerte: -20,0°C (1993) / 17,5°C (2002)
Sonne: 7:55 – 17:12
Mond: A 4:36 – U 13:26

Tag °C

Nacht °C

Blick unter den Horizont

Das Foto unten entstand am 22. Januar 2012. Der Blick reicht von Marseille bis zu den Pyrenäen. Auf einem Planeten ohne Atmosphäre wären die 265 km entfernten Berggipfel nicht zu sehen, da sie eigentlich unter dem Horizont liegen. Auf dem Weg zum Erdboden dringt das Licht jedoch durch immer dichtere Luftschichten, dadurch werden die Lichtstrahlen leicht nach unten gebogen. Blickt man in die Gegenrichtung, also vom Boden aus, erscheinen Sonne, Mond und in diesem Fall auch Berge entsprechend höher über dem Horizont als ohne die lichtbrechende Wirkung der Atmosphäre („Refraktion").

Monatsthema

Wasseräquivalent der Schneedecke

Schnee hat eine besondere hydrologische und wasserwirtschaftliche Bedeutung. Er beeinflusst den Wasserhaushalt durch Wasserspeicherung, das heißt, die Abflussbildung verzögert sich. Die Abschätzung des in der Schneedecke gespeicherten Wasservolumens ist von großer Bedeutung für die Hochwasservorhersage. Insbesondere wenn Regen und Schneeschmelze gleichzeitig auftreten, können extreme Hochwasser entstehen. Andererseits füllt die im Frühjahr schmelzende Schneedecke die Grundwasserspeicher auf, wodurch sich die Wasserverfügbarkeit in den Sommermonaten erhöht.

Das Wasseräquivalent

Unter dem Wasseräquivalent der Schneedecke wird die Wassersäule verstanden, die bei vollständigem Schmelzen der Schneedecke ohne Abfluss und Verdunstung entstehen würde. Das Wasseräquivalent wird meist in Millimeter angegeben. Bei frisch gefallenem, lockerem Pulverschnee ergeben 10 cm Schnee ein Wasseräquivalent von 10 mm. Eine länger liegende Schneedecke verdichtet sich allmählich, so dass sich das Wasseräquivalent erhöht (Abb. 1.1). Dabei vergrößert sich die beim Schmelzen entstehende

Abb. 1.1: Die Schneeschichten auf der Bettmeralp (1948 m) im Schweizer Wallis bedeuten enorme Dachlasten. Bei einem Wasseräquivalent von 50 mm wiegt der Schnee pro Quadratmeter 50 kg.

Wassermenge je Zentimeter Schneehöhe. Bei kompaktem Altschnee ergeben 10 cm Schnee ein Wasseräquivalent von 20 bis 40 mm, bei Gletschereis sind es 90 mm. Fällt Regen auf eine dicke Schneedecke, wird dieser zunächst vom Schnee gespeichert. Dieser sogenannte Retentionsspeicher beträgt etwa 10 Prozent des Wasseräquivalents, hängt im Detail aber von der Schneebeschaffenheit ab. Das Wasseräquivalent je Zentimeter Schneehöhe steigt dann ebenso wie die Gesamtwassermenge der Schneedecke. Erst wenn der Retentionsspeicher gefüllt ist, fließt Wasser ab. Die Schneedecke stellt also einen Zwischenspeicher für Niederschlagswasser dar. Beim Abtauen wird dieses wieder freigesetzt. Fällt gleichzeitig Regen, wie das in Tauwetterperioden häufig vorkommt, bildet der Regenanteil, der nicht in der Schneedecke zurückgehalten werden kann, zusammen mit dem Schmelzwasser das sogenannte Niederschlagsdargebot. Es kann vor allem im Frühling hydrologisch relevant sein und den Wassereintrag in Flussgebiete gegenüber Regenwasser allein spürbar erhöhen. Das Wasseräquivalent der Schneedecke hat demnach für wasserwirtschaftliche Belange eine deutlich größere Aussagekraft als die Schneehöhe. Die Prognose von Schneeschmelze und Niederschlagsdargebot stellt eine wichtige Information für die Hochwasservorhersage dar.

Als wasserhaushaltliche Speichergrösse ist das Wasseräquivalent sowohl in kleinen als auch in größeren Flussgebieten von Bedeutung. So bildet die Schneelage im Oberlauf des Rheins im Frühling eine wichtige Information zur Bewirtschaftung des Ijsselmeers in den Niederlanden. Der Sommerzufluss zu diesem Trinkwasserspeicher wird von der Größe des in der Schneedecke der Schweizer Alpen gespeicherten Wasservorrates entscheidend beeinflusst.

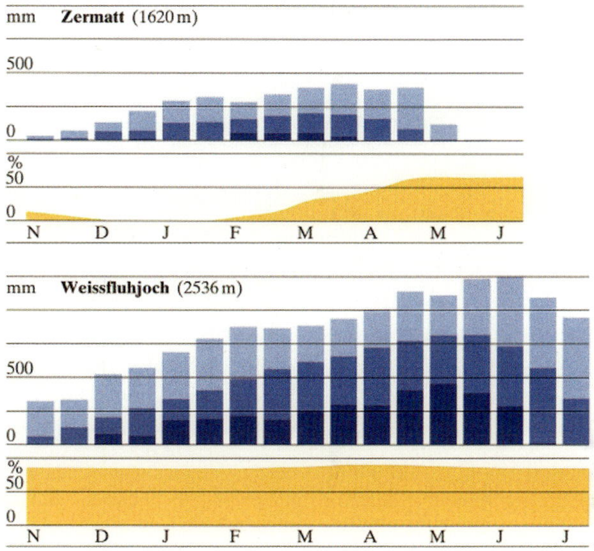

Abb. 1.2: Wasseräquivalent der Schneedecke an zwei Schweizer Messpunkten im langjährigen Mittel (dunkelblau: Minimum, blau: Mittelwert, hellblau: Maximum). Angegeben ist auch die astronomisch mögliche Sonnenscheindauer (in Prozent).

Je nach Verlauf von Niederschlag und Temperatur während des Winters variiert das Wasseräquivalent der Schneedecke im Frühling von Jahr zu Jahr. Entsprechend variabel sind auch die sommerlichen Schmelzwasserzuflüsse zu den Stauseen. Deshalb besteht auch von seiten der Energiewirtschaft ein großes Interesse an dem in der Schneedecke gespeicherten Wasservorrat. Die ersten regelmäßigen Beobachtungen des Wasseräquivalentes in der Schweiz wurden 1943 von der Eidgenössischen Technischen Hochschule (Zürich) in Zusammenarbeit mit der Elektrizitätswirtschaft aufgenommen. In der Folge wurde das Messnetz gemeinsam mit dem Eidgenössischen Institut für Schnee- und Lawinenforschung (SLF) weiter ausgebaut. Es umfasst heute rund 60 Stationen in Höhen

Abb. 1.3: Anfang Januar 2011 traten Regen und Schneeschmelze gleichzeitig auf. An Rhein und Mosel kam es zu einem extremen Hochwasser.

zwischen 800 m und 2600 m (Abb.1.2). Die Messergebnisse werden in den Schnee- und Lawinenberichten des SLF veröffentlicht.

Modellvorhersagen

Das Modell SNOW des Deutschen Wetterdienstes (DWD) simuliert den Auf- und Abbau der winterlichen Schneedecke. Aus den Daten der Wetterstationen und Niederschlagsmessstellen wird berechnet, wie viel Schnee in Deutschland liegt, wie hoch das Wasseräquivalent der Schneedecke ist, und wie viel von diesem Schnee beim nächsten Tauwetter in jeder Stunde schmilzt, um damit den Hochwasserzentralen Hinweise auf die Gefahr einer möglichen Überschwemmung zu geben (Abb. 1.3). Um das Modell zu kontrollieren und gegebenenfalls zu korrigieren, werden einmal täglich die Messwerte von Schneehöhen und Wasseräquivalent des Schnees mit den Modellwerten abgeglichen. Dieser Abgleich ist komplizierter, als man zunächst vermuten würde, denn die direkten Niederschlagsmessungen können bei Schneefall und Wind fehlerbehaftet sein. Darüber hinaus gehen auch Daten von Wetterradar und Satelliten in die Berechnung ein. Das Modell liefert alle 6 Stunden eine Analyse über die vergangenen 30 Stunden sowie eine Vorhersage der Schneedeckenentwicklung bis zu 72 Stunden.
In der Schweiz ist das Modell SNOWPACK im Einsatz. Es simuliert die Entwicklung der Schneedecke im Laufe des Winters basierend auf Wetterdaten, das heißt, an allen Orten, wo Wetterdaten zur Verfügung stehen, können Schneeprofile berechnet werden. SNOWPACK beschreibt die Schneemikrostruktur und die Schichtung der Schneedecke. Es bildet ab, wie die Schneedecke mit ihrer Umgebung in Wechselwirkung steht. Dafür simuliert es die wichtigsten physikalischen Prozesse (Massen- und Energieaustausch), die zwischen Atmosphäre, Schnee und Boden stattfinden. Es eignet sich nicht nur für hydrologische Anwendungen, sondern auch für Lawinenwarndienste. Eine Spezialanwendung sind die Vorhersagen von Pistenverhältnissen für Skirennen.

Das Foto entstand am 8. Februar 2008 im Hopfenanbaugebiet von Tettnang nördlich des Bodensees. Während Wildhopfen fast überall in Mitteleuropa in Auwäldern, Gebüschen und an Waldrändern wächst, gedeiht Kulturhopfen nur an sonnigen Standorten auf wasserdurchlässigen, nährstoffreichen Böden. Der Hopfen wird nach der Ernte jedes Jahr im Herbst ebenerdig zurückgeschnitten. Dann haben sich bereits die Knospen gebildet, die im kommenden Frühjahr austreiben. Der Austrieb aus den Stöcken erfolgt jedoch nur, wenn das „Kältebedürfnis" des Hopfens erfüllt ist. Dazu müssen über einen längeren Zeitraum tiefe Temperaturen geherrscht haben. Der Austrieb findet zwischen Ende März und Mitte April statt. Solange die Triebe im Boden ohne Lichteinfluss wachsen, sind diese weiß und essbar („Hopfenspargel").

Wetter und Natur

Lange Zeckensaison

Zecken sind nicht nur dann unterwegs, wenn es sommerlich warm ist. Aktiv werden die Tiere, sobald an mehreren aufeinanderfolgenden Tagen Temperaturen von 10 °C oder mehr erreicht werden. Die Zeckensaison dauert deshalb in der Regel von Februar bis Oktober. In milden Wintern kann die Kältestarre der Zecken aber auch schon früher unterbrochen werden. Außerdem gibt es Unterarten wie die Auwaldzecke, die bereits bei kälteren Temperaturen aktiv sind und den Zeitraum der Zeckensaison ausweiten. Daher können Zecken in der meisten Zeit des Jahres Krankheitserreger mit ihrem Stich übertragen.
Über Vögel, Haus- und Wildtiere wurden Zecken mittlerweile in die Städte eingeschleppt. Deshalb besteht die Zeckengefahr auch in städtischen Grünflächen mit höherem Gras, Gebüsch und Unterholz. Dagegen ist das Risiko, auf einem regelmäßig gepflegten Sportrasen von einer Zecke gestochen zu werden, äußerst gering. Hier finden die Zecken keinen Unterschlupf und zudem fehlen Mäuse als Wirtstiere.

Zecken lassen sich nicht von Bäumen fallen. Sie sitzen beispielsweise auf Grashalmen (im Bild eine rote Zecke) und lauern auf Warmblüter wie Tiere oder Menschen. Im Vorübergehen lässt sich die Zecke dann abstreifen.

Februar in Mombasa

Die Hafenstadt Mombasa (4° 3' S, 39° 40' O) liegt im Süden von Kenia. Dort herrscht ein tropisches Klima mit ausgeprägten Unterschieden in den monatlichen Regenmengen. So fallen im Februar im Mittel nur 14 mm Regen. Der Mai bringt dagegen zahlreiche Gewittertage und eine durchschnittliche Monatssumme von 235 mm. Neben dieser großen Regenzeit gibt es eine kleine im Oktober und November mit monatlichen Regenmengen um 100 mm. Typisch für Ostafrika sind aber auch Dürrejahre, in denen die Regenzeiten nur stark abgeschwächt auftreten. Der Februar ist in Mombasa der heißeste Monat des Jahres mit mittleren Höchstwerten von 34 °C. Zur „kältesten“ Zeit im Juli und August sind es im Schnitt immer noch 29 °C. In den Nächten sinkt die Temperatur im Februar nur selten unter 20 °C. Infolge des steigenden Meeresspiegels hat sich in letzter Zeit die Küstenerosion verstärkt und Trinkwasserbrunnen sind in Gefahr.

Wetterwissen

Historischer Staubsturm in Melbourne

Der 8. Februar 1983 begann im südostaustralischen Melbourne zunächst mit Sonnenschein und normalen Sommertemperaturen um 25 °C. Im Vorfeld einer Kaltfront setzte jedoch heißer Nordwestwind ein. Innerhalb weniger Stunden stieg die Temperatur in der Innenstadt auf 43,2 °C, zur damaligen Zeit ein Rekordwert. Der aktuelle Hitzerekord für Melbourne stammt vom 7. Februar 2009, als 46,4 °C registriert wurden. Infolge der extremen Dürreperiode im Südsommer 1982/1983 (und auch in den Jahren davor) wirbelte der Wind in der nordwestlich von Melbourne gelegenen Mallee- und Wimmera-Region riesige Mengen von Staub und Sand auf. Gegen 15 Uhr verdunkelte eine rotbraune Wolke den Himmel über Melbourne. Die Sichtweite sank in kürzester Zeit unter hundert Meter und die Temperatur ging um 20 Grad zurück. Im Stadtgbiet wurden in Windböen bis zu 85 km/h gemessen, im südlichen Umland zwischen 100 und 140 km/h. Der Melbourner Verkehr kam zum Erliegen, tausende Menschen harrten in ihren Autos aus oder suchten in Hauseingängen Schutz vor den Böen, die das Atmen schwer machten. Bis 16 Uhr flaute der Wind ab und die Sonne kam wieder heraus. Über der Stadt hatten sich viele Hundert Tonnen Staub abgesetzt. Eine Woche später kam es zu einer ähnlichen Wetterlage. Infolge extremer Hitze und starkem Wind breiteten sich verheerende Buschbrände aus, die sogenannten Aschermittwochsfeuer vom 16. Februar 1983.

Melbourne am 8. Februar 1983 gegen 15 Uhr. Die Staubwolke erreichte hier eine Höhe von ungefähr 350 m, in anderen Teilen der mehrere Hundert Kilometer langen Front waren es bis zu 3000 m.

Typische Wetterlagen im Februar

Südwest, West: Milde Temperaturen (6 bis 13 °C) und Wechsel zwischen regnerischem Wetter und Phasen mit Wetterberuhigung. Besonders in Mittel- und Norddeutschland Durchzug von Regengebieten, dazu oft starker Wind. Nach Süden hin und in den Alpen zeitweise sonnig. In Warmluft aus Südwesten manchmal frühlingshafte Temperaturen über 15 °C.

Nordwest, Nord, Tiefdrucklage über Mitteleuropa: Nasskaltes Wetter, immer wieder Regen und Schnee bei 0 bis 6 °C, dazwischen etwas Sonne. Oberhalb 600 bis 1000 m teilweise viel Neuschnee, im Flachland keine dauerhafte Schneedecke.

Nordost, Ost: Bei Beginn dieser Wetterlage einsetzender Temperaturrückgang und Schnee bis in die Tieflagen. Dann immer mehr Sonne bei eisig kaltem Wind. Dauerfrost zwischen -10 und -3 °C, in klaren Nächten über Schnee unter -15 °C.

Südost, Süd, Hochdrucklage über Mitteleuropa: Einzelne Nebelfelder, sonst viel Sonne und nur wenige Wolken. Tagsüber -3 bis 2 °C (Monatsanfang) bzw. 1 bis 8 °C (Monatsende). Auch in mittleren Höhenlagen bis 1500 m ähnliche Temperaturen. Nachts vor allem in Ost- und Süddeutschland sowie im Alpenraum leichter Frost um -3 °C, über Schnee örtlich unter -10 °C.

Am 25. Februar 2018 schien wie hier bei Amberg in der Oberpfalz häufig die Sonne. Im eisigen Ostwind herrschte Dauerfrost und in der Nacht sank die Temperatur auf -13 °C.

1 Fr
Frankfurt/M. (Min./Max. 1988-2017): im Mittel -1,0°C / 4,9°C
Extremwerte: -12,9°C (1998) / 17,2°C (2002)
Sonne: 7:54 – 17:13
Mond: A 5:34 – U 14:09

Tag °C

Nacht °C

2 Sa
Stuttgart (Min./Max. 1988-2017): im Mittel -2,5°C / 4,2°C
Extremwerte: -14,1°C (2005) / 17,0°C (2002)
Sonne: 7:52 – 17:15
Mond: A 6:26 – U 14:59

Tag °C

Nacht °C

3 So
Augsburg (Min./Max. 1988-2017): im Mittel -3,9°C / 3,0°C
Extremwerte: -19,9°C (2012) / 15,5°C (2002)
Sonne: 7:51 – 17:17
Mond: A 7:10 – U 15:54

Tag °C

Nacht °C

Vergangene Zukunft

Von der Schokoladenfabrik Theodor Hildebrand und Sohn gab es im Jahr 1900 eine spezielle Werbekampagne. Jeder Schokoladen- und Kakaopackung wurde ein Kärtchen beigelegt, das die Welt im Jahr 2000 zeigen sollte. Zwölf Karten waren im Umlauf, die beispielsweise eine überdachte Stadt, Flugmaschinen oder fahrende Bürgersteige darstellten. Außerdem wurde eine Schönwettermaschine entworfen.

Süßwassermeer

Der Amazonas ist mit einem mittleren Wasserabfluss von 206.000 m³/s der mit Abstand wasserreichste Fluss der Erde und führt an der Mündung mehr Wasser als die sechs nächstkleineren Flüsse zusammen und etwa 70-mal mehr als der Rhein. Das Flusswasser drängt das Salzwasser des Meeres bis zu 200 km weit auf die See hinaus. Der spanische Schiffskapitän Vicente Yanez Pinzón entdeckte das Phänomen, als er im Jahr 1500 die Ostküste Südamerikas erforschen wollte. Auf offenem Meer war er plötzlich von Süßwasser umgeben. Er gab der Süßwasserfläche den Namen El Mar Dulce, das Süßwassermeer.

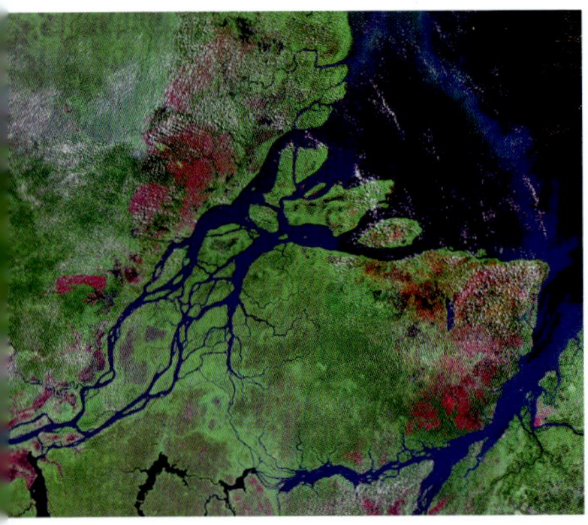

Die Mündung des Amazonas in den Atlantik ist mehrere Hundert Kilometer breit. Der Einfluss der Gezeiten reicht noch rund 800 km flussaufwärts.

4 Mo
Hamburg (Min./Max. 1988-2017): im Mittel -0,1°C / 5,1°C
Extremwerte: -17,7°C (2012) / 15,0°C (2004)
Sonne: 7:49 – 17:18
Mond: A 7:47 – U 16:53
Tag °C
Nacht °C

5 Di
Berlin (Min./Max. 1988-2017): im Mittel -0,7°C / 4,9°C
Extremwerte: -19,6°C (2012) / 16,1°C (1990)
Sonne: 7:48 – 17:20
Mond: A 8:18 – U 17:56
Tag °C
Nacht °C

6 Mi
Düsseldorf (Min./Max. 1988-2017): im Mittel 1,0°C / 7,1°C
Extremwerte: -13,8°C (2012) / 16,8°C (2004)
Sonne: 7:46 – 17:22
Mond: A 8:45 – U 18:59
Tag °C
Nacht °C

7 Do
Erfurt (Min./Max. 1988-2017): im Mittel -2,4°C / 3,6°C
Extremwerte: -21,4°C (2012) / 14,6°C (2004)
Sonne: 7:45 – 17:24
Mond: A 9:08 – U 20:03
Tag °C
Nacht °C

8 Fr
Frankfurt/M. (Min./Max. 1988-2017): im Mittel -0,6°C / 5,9°C
Extremwerte: -15,8°C (2012) / 16,3°C (1990)
Sonne: 7:43 – 17:25
Mond: A 9:29 – U 21:08
Tag °C
Nacht °C

9 Sa
Stuttgart (Min./Max. 1988-2017): im Mittel -2,1°C / 5,8°C
Extremwerte: -18,1°C (1991) / 18,4°C (2004)
Sonne: 7:41 – 17:27
Mond: A 9:50 – U 22:13
Tag °C
Nacht °C

10 So
Augsburg (Min./Max. 1988-2017): im Mittel -3,2°C / 4,6°C
Extremwerte: -21,9°C (2012) / 16,6°C (2004)
Sonne: 7:40 – 17:29
Mond: A 10:10 – U 23:19
Tag °C
Nacht °C

11 Mo
Hamburg (Min./Max. 1988-2017): im Mittel -1,0°C / 4,7°C
Extremwerte: -11,3°C (1991) / 15,9°C (1998)
Sonne: 7:38 – 17:30
Mond: A 10:31 – U - -
Tag °C
Nacht °C

12 Di
Berlin (Min./Max. 1988-2017): im Mittel -1,1°C / 4,6°C
Extremwerte: -14,8°C (2012) / 14,2°C (1998)
Sonne: 7:36 – 17:32
Mond: U 0:27 – A 10:56
Tag °C
Nacht °C

13 Mi
Düsseldorf (Min./Max. 1988-2017): im Mittel 0,3°C / 6,8°C
Extremwerte: -12,9°C (2012) / 16,7°C (1998)
Sonne: 7:34 – 17:34
Mond: U 1:37 – A 11:24
Tag °C
Nacht °C

14 Do
Erfurt (Min./Max. 1988-2017): im Mittel -2,6°C / 3,5°C
Extremwerte: -19,2°C (2012) / 15,5°C (1998)
Sonne: 7:33 – 17:36
Mond: U 2:48 – A 12:00
Tag °C
Nacht °C

15 Fr
Frankfurt/M. (Min./Max. 1988-2017): im Mittel -0,4°C / 6,1°C
Extremwerte: -16,0°C (2012) / 17,1°C (1998)
Sonne: 7:31 – 17:37
Mond: U 3:58 – A 12:44
Tag °C
Nacht °C

16 Sa
Stuttgart (Min./Max. 1988-2017): im Mittel -1,9°C / 5,3°C
Extremwerte: -16,6°C (2012) / 16,4°C (1998)
Sonne: 7:29 – 17:39
Mond: U 5:05 – A 13:41
Tag °C
Nacht °C

17 So
Augsburg (Min./Max. 1988-2017): im Mittel -3,4°C / 3,9°C
Extremwerte: -22,1°C (2012) / 16,3°C (2014)
Sonne: 7:27 – 17:41
Mond: U 6:04 – A 14:49
Tag °C
Nacht °C

Wetter und Garten

Durch Schmelzwasser gelangt Streusalz in den Boden und wird von den Pflanzen über die Wurzeln aufgenommen. Durch Spritzwasser werden Stämme und Äste direkt mit hohen Salzkonzentrationen belastet. Streusalzschäden sehen wie Trockenschäden aus. Typische Symptome sind braune Zweigspitzen, vor allem im bodennahen Bereich. Blätter zeigen Randnekrosen, werden also vom Rand her braun. Immergrüne Gehölze sind am meisten betroffen, da deren Wurzeln auch im Winter aktiv sind. Besonders empfindlich reagieren Rhododendren und Nadelgehölze wie Thujen. Durch häufiges Wässern über mehrere Wochen hinweg (bei ungefrorenem Boden) lässt sich die Bodenqualität im Wurzelraum wieder verbessern.

„Februar mit Sonnenschein und Vogelsang, macht dem Bauern Angst und bang."

Bei längeren Perioden mit Temperaturen bis über 10 °C schwellen die Knospen der Obstbäume an und das Wintergetreide treibt vorzeitig aus. Ein Kältewelle mit strengem Frost ohne Schnee kann dann zu Schäden führen.

2 FEBRUAR

Ein Jahr ohne Eistag

In Berlin-Dahlem lagen die Höchsttemperaturen vom 12. Februar 2017 bis zum 24. Februar 2018 immer über 0 °C, das heißt, über ein Jahr lang wurde kein Eistag registriert. Ab dem 25. Februar 2018 folgte dann eine Serie von sieben Eistagen. Der bisher späteste Termin für einen Eistag wurde damit um 18 Tage überschritten, denn das Jahr 1975 brachte den ersten Eistag des Winters am 6. Februar. Seit Aufzeichnungsbeginn im Jahr 1908 blieb in Berlin-Dahlem noch kein Winter ohne Eistag.

Sommer im Februar

Am 21. Februar 2018 stieg die Temperatur in Teilen von New York im strahlenden Sonnenschein auf 26 °C, was einen neuen Wärmerekord für Februar bedeutete. Nur in der Nähe der Atlantikküste blieb es deutlich kühler. In South Carolina wurden an diesem Tag sogar bis zu 30 °C gemessen. Am Rande eines Atlantikhochs herrschte eine ungewöhnlich warme Südweströmung. Extreme Wettergegensätze bestanden zum Gebiet der Großen Seen. Hier sorgte ein Tief für Dauerfrost zwischen -8 und -1 °C.

18 Mo
Hamburg (Min./Max. 1988-2017): im Mittel 0,0°C / 5,7°C
Extremwerte: -10,6°C (1994) / 16,7°C (1990)
Sonne: 7:25 – 17:43
Mond: U 6:53 – A 16:08
Tag °C
Nacht °C

19 Di
Berlin (Min./Max. 1988-2017): im Mittel -0,4°C / 5,6°C
Extremwerte: -12,8°C (2011) / 18,7°C (1990)
Sonne: 7:23 – 17:44
Mond: U 7:34 – A 17:31
Tag °C
Nacht °C

20 Mi
Düsseldorf (Min./Max. 1988-2017): im Mittel 1,1°C / 7,7°C
Extremwerte: -12,0°C (1994) / 19,1°C (1990)
Sonne: 7:22 – 17:46
Mond: U 8:07 – A 18:55
Tag °C
Nacht °C

21 Do
Erfurt (Min./Max. 1988-2017): im Mittel -1,8°C / 4,4°C
Extremwerte: -13,3°C (2011) / 18,0°C (1990)
Sonne: 7:20 – 17:48
Mond: U 8:36 – A 20:18
Tag °C
Nacht °C

22 Fr
Frankfurt/M. (Min./Max. 1988-2017): im Mittel 0,0°C / 7,1°C
Extremwerte: -12,5°C (1996) / 17,5°C (1990)
Sonne: 7:18 – 17:49
Mond: U 9:02 – A 21:38
Tag °C
Nacht °C

23 Sa
Stuttgart (Min./Max. 1988-2017): im Mittel -1,2°C / 6,7°C
Extremwerte: -13,6°C (1993) / 21,0°C (1990)
Sonne: 7:16 – 17:51
Mond: U 9:26 – A 22:56
Tag °C
Nacht °C

24 So
Augsburg (Min./Max. 1988-2017): im Mittel -2,6°C / 5,5°C
Extremwerte: -18,8°C (2009) / 19,1°C (2008)
Sonne: 7:14 – 17:53
Mond: U 9:52 – A - -
Tag °C
Nacht °C

25 Mo
Hamburg (Min./Max. 1988-2017): im Mittel 0,4°C / 6,5°C
Extremwerte: -9,7°C (2005) / 15,6°C (1992)
Sonne: 7:12 – 17:54
Mond: A 0:10 – U 10:19
Tag °C
Nacht °C

26 Di
Berlin (Min./Max. 1988-2017): im Mittel 0,4°C / 7,0°C
Extremwerte: -11,0°C (2005) / 18,9°C (1997)
Sonne: 7:10 – 17:56
Mond: A 1:21 – U 10:50
Tag °C
Nacht °C

27 Mi
Düsseldorf (Min./Max. 1988-2017): im Mittel 1,8°C / 8,5°C
Extremwerte: -11,1°C (2005) / 17,0°C (1992)
Sonne: 7:08 – 17:58
Mond: A 2:28 – U 11:25
Tag °C
Nacht °C

28 Do
Erfurt (Min./Max. 1988-2017): im Mittel -0,4°C / 6,3°C
Extremwerte: -14,9°C (2005) / 17,3°C (1997)
Sonne: 7:06 – 17:59
Mond: A 3:29 – U 12:06
Tag °C
Nacht °C

Eisiger Sonnblick

Die Kältewelle Ende Februar 2018 brachte nicht nur in den Niederungen ungewöhnlich frostige Temperaturen. Auf der Zugspitze (2962 m) wurden am 27. Februar 2018 extreme -30,5 °C erreicht. Am Sonnblick Observatorium in 3106 m Höhe gab es an diesem Tag einen Tiefstwert von -31,9 °C . Der kräftige Nordostwind machte die Kälte für die Wetterbeobachter dabei noch unangenehmer. Das Foto unten entstand um 9:50 Uhr bei einer Temperatur von -29 °C. In den vergangenen 50 Jahren gab es nur drei Jahre, in denen es auf dem Sonnblick kälter war: 1971 (-33,2 °C), 1985 (-32,4 °C) und 1987 (-32,7 °C).

Monatsthema

Die Fußspuren des Teufels

Die Fußspuren des Teufels (engl: Devil's Footprints) sind ein Phänomen, das in der südenglischen Grafschaft Devon im Jahr 1855 beobachtet wurde. Nach heftigen Schneefällen erschienen Spuren in Form gespaltener Hufe im Schnee, die über lange Strecken angeblich schnurgerade verliefen. Die Abdrücke erhielten ihren Namen, weil bald danach Gerüchte im Umlauf waren, dass sie vom Teufel verursacht worden seien. Zu dem auch Rätsel von Devonshire genannten Phänomen gibt es zahlreiche Berichte und Erklärungsversuche (Abb. 2.1). Die realen Beobachtungen wurden zum Teil noch ausgeschmückt, was die Wahrheitsfindung erschwert.

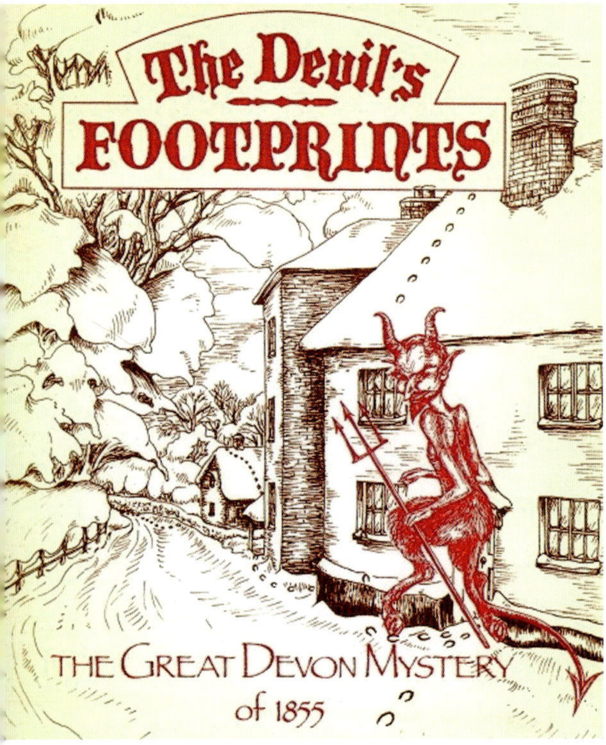

Abb. 2.1: Die Fußspuren des Teufels erregten großes Aufsehen in illustrierten Zeitschriften.

Beobachtungen

In Südengland herrschte zu jener Zeit ein ungewohnt strenger Winter. Die Flüsse Exe und Teign waren auf einem Teil ihrer Länge zugefroren. Der 8. Februar 1855 war ein stürmischer Tag mit Schneefall bis etwa gegen Mitternacht. Dann stieg die Temperatur vorübergehend und der Schnee verwandelte sich in Regen. Bei Tagesanbruch war es wieder frostig. Am Morgen des 9. Februar 1855 wurden im Schnee die rätselhaften Spuren entdeckt, die gespaltenen Hufabdrücken ähnelten (Abb. 2.2). Diese Spuren waren 1,5 bis 2,5 Inch (zwischen 3,8 und 6,3 cm) breit und wiederholten sich in einem regelmäßigen Abstand von acht Inch (20,3 cm). Sie erstreckten sich über insgesamt mehr als 100 Meilen (160 Kilometer) und folgten, abgesehen vom Richtungswechsel an verschiedenen Punkten, einem schnurgeraden Kurs über Gärten, Mauern und andere Hindernisse hinweg. Selbst auf schneebedeckten Dächern waren sie zu erkennen und auch durch ein kleines Abflussrohr mit etwa 4 Inch (10,2 cm) Durchmesser sollen Spuren geführt haben.
Das Gebiet, in dem die Abdrücke vorkamen, reichte von Exmouth bis Topsham und über den Fluss Exe hinweg nach Dawlish und Teignmouth. Die Berichte kamen zunächst aus 30 Ortschaften. Später tauchten auch Meldungen auf, dass es sie ferner auf Feldern weiter im Süden bei Totnes und Torquay gegeben habe und dass Hufspuren bei Weymouth in Dorset und sogar in Lincolnshire vorkamen. Gerüchten nach wurde eine teufelsähnliche Gestalt in der Grafschaft Devon beobachtet. Viele abergläubische Menschen hatten daraufhin Angst, im Dunkeln ihre Wohnungen zu verlassen.

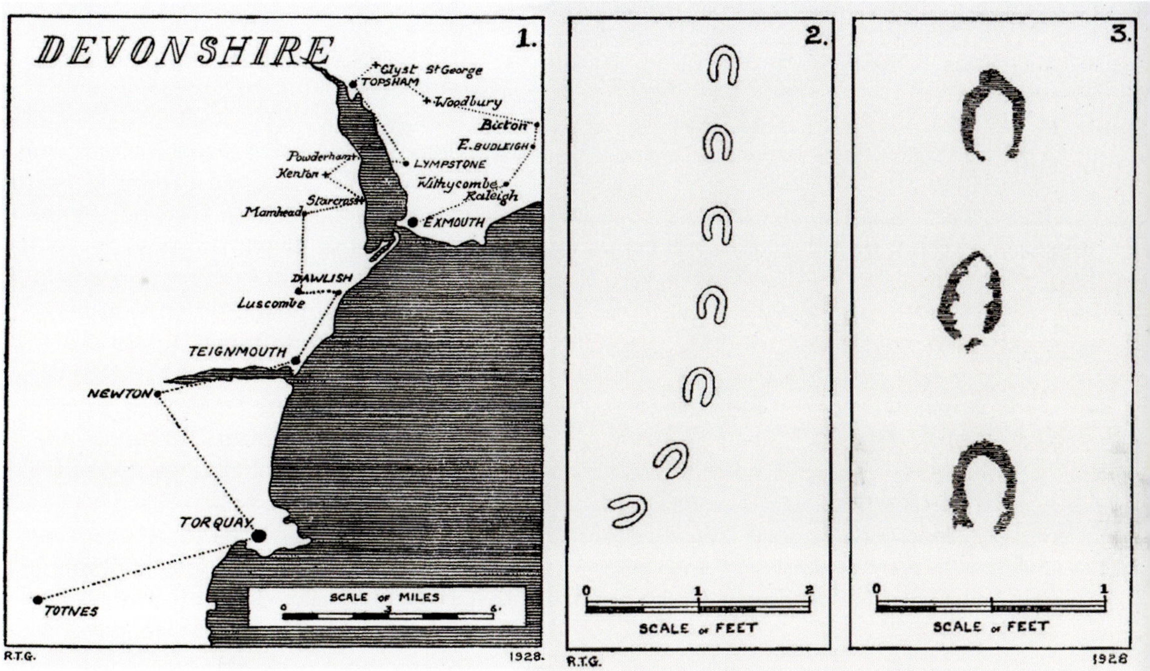

Abb. 2.2: Illustrationen aus einem im Jahr 1928 erschienenen Buch. Die Karte zeigt die Orte, an denen die rätselhaften Spuren gesichtet wurden (6 Meilen entsprechen knapp 10 Kilometer). Die beiden Skizzen stammen von Augenzeugen aus dem Jahr 1855 (1 Fuß entspricht rund 30 Zentimeter).

Neben diesen Beobachtungen im Februar 1855 gibt es noch ein paar weitere Schilderungen von rätselhaften Spuren im Schnee. So berichtete die Londoner Tageszeitung „The Times" bereits am 14. März 1840, dass im westschottischen Bezirk Glen Orchy mehrmals nach Schneefällen Spuren eines unbekannten Tieres bemerkt worden sind. Sie ähnelten jenen eines Fohlens mit beträchtlicher Größe und waren tief im Schnee eingesunken. James Clark Ross berichtete anlässlich seiner Antarktisexpedition während der Jahre 1839 bis 1843, dass im Mai 1840 auf der Kerguelen-Insel hufeisenförmige Abdrücke im Schnee aufgefallen seien, die sich dann auf einer Felsplatte ohne Schnee verloren. Sie seien jenen eines Ponys oder Esels vergleichbar gewesen. Derartige Tiere bekam die Expedition jedoch nicht zu Gesicht. Am 17. März 1855 druckte die Zeitung „The Illustrated London News" einen Leserbrief aus Heidelberg über angeblich vergleichbare, jährlich wiederkehrende Spuren auf dem Piaskowagóra, einem Sandhügel in Südpolen, ab. Auch aus den Jahren 1950 (plötzlich beginnende und endende hufeisenförmige Spuren im Sand an einem Strand in Devon) und 1957 (unvermittelt endende Spuren im Schnee in einem Garten) gibt es entsprechende Berichte. Am 12. März 2009 wurden schließlich in Devon ähnliche Spuren in einem Bauernhof entdeckt. Eine Erklärung fand man nicht. Die Hufspuren von 2013 im schottischen Girvan, die seltsame Linien bildeten, wurden dagegen einem Aprilscherz zugeschrieben.

Abb. 2.3: Die Waldmaus bewohnt entgegen ihrem Namen vor allem landwirtschaftlich genutzte Flächen.

Erklärungsversuche

Zu dem Ereignis im Februar 1855 existieren allerlei Erklärungsversuche. Einige Forscher sind skeptisch, dass sich die Spuren wirklich über 100 Meilen aneinanderreihten, und argumentieren, dass niemand in der Lage gewesen wäre, die gesamte Strecke in einer Nacht zurückzulegen. Ein anderer Grund für Skepsis sind die Augenzeugenberichte zu den Abdrücken selbst, die in verschiedenen Details schwankten.
Zu den weniger wahrscheinlichen Theorien über das Zustandekommen der Fußabdrücke zählen: Es handele sich um die Schwindelei von (einem) Unbekannten, der mit einem heißen Metallgegenstand die Spuren im Schnee erzeugt habe. In einem Anfall von Massenhysterie seien verschiedene Tierspuren von der Bevölkerung zu einer einzigen zusammengefasst worden. Außerdem spekulierte jemand, ein Wetterballon habe sich losgerissen, sei vom Schneesturm über das Gebiet geweht worden und ein an einem Seil hängendes Hufeisen habe die Spuren hinterlassen.
Von Anfang an versuchte man aber auch die Fährten Tieren zuzuordnen. Schon 1855 kam die Idee auf, ein angeblich aus einer Menagerie entlaufenes Känguru könnte der Verursacher sein. Doch gab es keine derartige Verlustmeldung, und das dem Tier unmögliche Überqueren des breiten Flusses Exe spricht gegen diese Erklärung. Im Laufe der Zeit standen viele Tiere in Verdacht (Fischotter, Dachse, Hunde, Katzen, Esel und Albatrosse), ohne dass es aber eine schlüssige Erklärung gab.
Wahrscheinlicher scheint, dass Mäuse oder andere Nagetiere die Spuren verursacht haben. Diese Vermutung wurde ebenfalls schon wenige Tage nach dem Ereignis geäußert. So könnten Waldmäuse (Abb. 2.3) wegen der ungewöhnlich kalten Witterung auf Nahrungssuche in Gehöfte und Siedlungen vorgedrungen sein. Auf Schnee bewegten sie sich springend, erzeugten eine geradeaus weisende Linie und hinterließen dabei an Hufabdrücke erinnernde Spuren im Schnee. Der Abstand sei nahezu gleich, das Muster des Abdrucks variiere indessen geringfügig und könne durchaus den Eindruck eines vorne offenen Hufes aufweisen. Dass manch beobachtete Spuren abrupt aufhörten, könne am Zugriff von Greifvögeln wie etwa Eulen liegen, deren Beute die im Schnee leicht erkennbaren Mäuse wurden. Als versierte Kletterer kämen die Nagetiere über Mauern und Dächer hinweg und wären fähig, durch Rohre, Ritzen und kleine Öffnungen zu gelangen. Die Nagetier-Theorie überzeugt in ihrer Argumentation am ehesten, doch ob sich das Ereignis tatsächlich so erklären lässt, kann nach der inzwischen verstrichenen Zeit nicht mehr mit Sicherheit gesagt werden.

Die argentinische Marambio-Station im äußersten Norden der Antarktischen Halbinsel (vgl. nächste Seite) ist ganzjährig bewohnt. Neben Forschungseinrichtungen gibt es eine Landebahn, die zukünftig auch für Linienflüge nach Ushuaia auf Feuerland genutzt werden soll. Dazu ist eine technische Aufrüstung nötig, denn dort herrschen häufig schwierige Wetterverhältnisse so wie am 11. März 2018. In der Nacht gab es zunächst dichten Nebel mit Sichtweiten um 50 m bei Temperaturen zwischen -6 und -9 °C. Am Morgen frischte der Wind stark auf. Vorübergehend zeigten sich eindrucksvolle Lenticularis-Wolken am Himmel (Bild oben), die sich in einer wellenförmigen Luftströmung im Lee der Berge der Antarktischen Halbinsel bildeten. Nur wenige Stunden später folgte bei Temperaturen um 0 °C ein Schneesturm.

Wetter und Natur

Pionierbaum Birke

Ihren Namen verdankt die Birke der Farbe ihrer Rinde (althochdeutsch „birhha“: hell sein, leuchten, glänzen).

Die Birke hat sich nach der letzten Eiszeit vor gut 12.000 Jahren in den gemäßigten und kühlen Regionen der Nordhalbkugel verbreitet. Sie hatte im Laufe der Jahrhunderte eine wichtige Bedeutung als Heilpflanze und wurde bei den Kelten, Slawen und Germanen kultisch verehrt. Rinde, Holz und Birkensaft können vielseitig verarbeitet werden. Im Waldbau galt sie dennoch bis vor wenigen Jahrzehnten als forstliches Unkraut und wurde daher systematisch entfernt. Die Birken übernehmen aber als Schutzbäume für anspruchsvollere Baumarten und bei der Wiederbewaldung nach Waldbränden eine wichtige Rolle. Dank ihrer lichten Krone ermöglichen sie das Heranwachsen anderer Bäume. Birken gedeihen bevorzugt auf nährstoffarmen Böden und fördern die Humusanreicherung. Außerdem schützen sie auf Schutthalden und zuvor baumlosen Hängen den Boden vor Erosion. Kein Laubbaum ist so winterfest wie die Birke. Bei schwerem Schnee biegen sich ihre Äste immer weiter nach unten, bis sich der Schnee nicht mehr halten kann. Wegen ihrer Kälteresistenz gibt es bei Birken kaum Schäden durch Spätfrost. Nach der Blüte der männlichen Kätzchen im März und April entwickeln sich den Sommer über aus den weiblichen Blütenständen Tausende von kleinen Samen. Im Herbst und Winter werden diese vom Wind über weite Strecken verbreitet. Nur 15 bis 20 Prozent der Samen sind keimfähig. Außerdem dienen sie Singvögeln als Nahrung.

März auf der Marambio-Station

Marambio (64° 14' S, 56° 38' W) ist die größte der 13 argentinischen Antarktis-Stationen und befindet sich auf der Seymour-Insel im nördlichsten Teil der antarktischen Halbinsel. Obwohl auf einem ähnlichen Breitengrad wie Reykjavik gelegen ist das Klima dort deutlich rauer. Nur in den Sommermonaten Dezember bis Februar kommen leichte Plusgrade regelmäßig vor. Im März liegen die mittleren Höchstwerte bei minus 3°C, die Tiefstwerte bei minus 9 °C. Sehr milde Phasen können zwar zu jeder Jahreszeit auftreten, dauern meist aber nur ein paar Stunden, wenn es in einer kräftigen Nordweströmung zu Föhneffekten kommt. Bei einer solchen Wetterlage wurde am 23. März 2015 die bisher höchste Temperatur von 17, 4 °C erreicht. Für Marambio typischer sind jedoch viele Nebeltage und andererseits auch hohe Windgeschwindigkeiten, die die Kälte noch unangenehmer machen. Der starke Wind sorgt dafür, dass meist nur wenig Schnee liegt.

Wetterwissen

Bora im Thüringer Wald

Am 17. März 2018 herrschte in Mitteleuropa eine kräftige östliche Strömung. Nur in Süddeutschland und im Alpenraum gab es noch Plusgrade, sonst setzte Dauerfrost ein. Der Neuschnee in Sachsen und Thüringen wurde stark verweht, so dass es hier zu großen Verkehrsbehinderungen kam. An den meisten Wetterstationen lagen die höchsten Windgeschwindigkeiten an diesem Tag zwischen 40 und 70 km/h, nur auf manchen Mittelgebirgsgipfeln und in Küstennähe waren es rund 80 bis knapp über 100 km/h. Ein kleinräumiges Sturmereignis am Südostrand des Thüringer Waldes wurde dabei jedoch nicht erfasst. Aus den Schadensbildern lässt sich auf Spitzenböen von deutlich über 100 km/h schließen. Hier wirkte sich die „thüringische Bora" aus. Die aus Osten einfließende Kaltluft war auf eine flache, bodennahe Luftschicht begrenzt. Einige Hundert Meter über den Gipfeln des Thüringer Waldes befand sich eine Sperrschicht (Inversion) infolge von milderen, aufgleitenden Luftmassen. Zwischen den Bergspitzen und der Inversionsuntergrenze wurde die Strömung stark eingeengt. Wie im Fall der Bora an der kroatischen Adriaküste kommt es bei solchen Verhältnissen nach dem Überströmen einer Bergkette zu einer massiven Beschleunigung der Luftströmung. Daher lagen alle Schadensgebiete auf der windabgewandten Seite (im Lee) des Thüringer Waldes. In den Medien war von einem „Sturm ohne Namen" die Rede, weil die Sturmschäden keinem klassischen Sturmtief zugeordnet werden konnten. Das Phänomen ist in der Region gut bekannt, aber nur selten tritt es in diesem Ausmaß auf.

Am Aschberg bei Bad Liebenstein kam es am 17. März 2018 zu großen Waldschäden. Nur wenige Kilometer entfernt blieben die Windgeschwindigkeiten deutlich niedriger.

Typische Wetterlagen im März

Süd, Südwest: Im Westen und Norden teilweise bewölkt mit etwas Regen, nach Osten hin Wechsel zwischen Sonne und Wolken. Allgemein sehr milde Temperaturen zwischen 13 und 19 °C, örtlich auch über 20 °C. An solchen warmen Tagen geht die Entwicklung der Vorfrühlingspflanzen schnell voran.

West, Nordwest, Tiefdrucklage über Mitteleuropa: Wechselhaftes Wetter. Immer wieder Durchzug von Fronten mit Regen (manchmal auch Gewittern), dazwischen sonnige Phasen. Wechsel zwischen erwärmter Meeresluft mit Temperaturen von 9 bis 14 °C und kalter Meeresluft mit 3 bis 9 °C, im Gebirge über 1000 bis 1500 m teilweise große Neuschneemengen, im Flachland nur vorübergehend Schneeflocken (aber keine Schneedecke).

Nord, Nordost: Winterliches Wetter. Temperaturen selbst tagsüber nur wenig über 0 °C (Monatsanfang) bzw. 5 °C (Monatsende), teilweise sogar Dauerfrost. Zunächst vor allem in Ost- und Süddeutschland Schneeregen- und Schneeschauer (örtlich von Gewittern begleitet), größere Neuschneemengen aber nur am Nordrand von Mittelgebirgen und Alpen. An den Folgetagen häufig sonnig, in klaren Nächten dann Frost unter -5 °C, örtlich unter -10 °C.

Ost, Südost, Hochdrucklage über Mitteleuropa: Einzelne Nebelfelder, sonst viel Sonne und nur wenig Wolken. Große Temperaturschwankungen zwischen Tag und Nacht: tagsüber frühlingshaft bei 6 bis 12 °C (Monatsanfang) bzw. bei 11 bis 17 °C (Monatsende), nachts teils leichter Frost um -2 °C.

Am 9. März 2017 stieg die Temperatur im Rhein-Main-Gebiet nach dem Durchzug einer Warmfront auf 17 °C. Abends hatte man vom Großen Feldberg (879 m) einen guten Blick auf Frankfurt.

1 Fr
Frankfurt/M. (Min./Max. 1988-2017): im Mittel 0,9°C / 8,7°C
Extremwerte: -12,0°C (2005) / 18,6°C (1997)
Sonne: 7:04 – 18:01
Mond: A 4:23 – U 12:54
Klimatologischer Frühlingsanfang
Tag °C
Nacht °C

2 Sa
Stuttgart (Min./Max. 1988-2017): im Mittel -0,5°C / 7,9°C
Extremwerte: -18,6°C (2005) / 20,0°C (1997)
Sonne: 7:02 – 18:03
Mond: A 5:09 – U 13:47
Tag °C
Nacht °C

3 So
Augsburg (Min./Max. 1988-2017): im Mittel -1,9°C / 6,9°C
Extremwerte: -24,2°C (2005) / 19,9°C (1990)
Sonne: 7:00 – 18:04
Mond: A 5:49 – U 14:46
Tag °C
Nacht °C

Blühbarometer

Im Schwetzinger Schlossgarten blühen die Kirschbäume je nach Witterung zwischen Anfang März und Mitte April. Insgesamt 460 Bäume stehen hier, 300 Apfel-und Süßkirschen und 160 Japanische Zierkirschen. Hinter den blühenden Bäumen erhebt sich die Kuppel der Gartenmoschee. Ein „Blühbarometer" auf den Internetseiten von Schloss Schwetzingen zeigt den Fortschritt der Blüte anhand aktueller Fotos.

„Fastnacht ohne Regen verkündet ein Jahr voll Segen.“

Diese Art der Jahresvorhersage ist reiner Aberglaube. In einer anderen Variante soll das Wetter an den letzten drei Faschings- bzw. Karnevalstagen der Reihe nach Hinweise auf die kommenden Jahreszeiten Frühling, Sommer und Herbst liefern. Ein ähnlicher Aberglaube ist es, aus dem Wetterverlauf in den zwölf Rauhnächten vom 25. Dezember bis 6. Januar auf die zwölf Monate des neuen Jahres zu schließen.

Regenzeit in Spanien

Im März 2018 zogen immer wieder Tiefs vom Atlantik nach Spanien. So wurde der Monat dort ungewöhnlich kalt, windig und regenreich. In vielen Regionen lag die Niederschlagsmenge mehr als dreimal höher als im langjährigen Mittel. Vergleichsweise trocken blieb es nur entlang der Ostküste sowie auf den Kanarischen Inseln. An manchen Orten in höheren Lagen wurden in einem März noch nie so viele Tage mit einer Schneedecke registriert. In der nordspanischen Stadt Soria (1063 m) waren es beispielsweise 18 Tage.

4 Mo
Hamburg (Min./Max. 1988-2017): im Mittel 0,7°C / 7,9°C
Extremwerte: -14,0°C (2010) / 20,0°C (2014)
Sonne: 6:58 – 18:06
Mond: A 6:21 – U 15:47
Rosenmontag
Tag °C
Nacht °C

5 Di
Berlin (Min./Max. 1988-2017): im Mittel 0,7°C / 8,1°C
Extremwerte: -7,8°C (2005) / 18,5°C (1998)
Sonne: 6:55 – 18:08
Mond: A 6:49 – U 16:51
Fastnacht
Tag °C
Nacht °C

6 Mi
Düsseldorf (Min./Max. 1988-2017): im Mittel 2,2°C / 10,0°C
Extremwerte: -6,7°C (2010) / 20,9°C (2014)
Sonne: 6:53 – 18:09
Mond: A 7:13 – U 17:55
Aschermittwoch
Tag °C
Nacht °C

7 Do
Erfurt (Min./Max. 1988-2017): im Mittel -0,4°C / 7,2°C
Extremwerte: -12,1°C (2005) / 17,4°C (1998)
Sonne: 6:51 – 18:11
Mond: A 7:35 – U 19:00
Tag °C
Nacht °C

8 Fr
Frankfurt/M. (Min./Max. 1988-2017): im Mittel 1,2°C / 9,8°C
Extremwerte: -6,5°C (2006) / 19,8°C (1998)
Sonne: 6:49 – 18:13
Mond: A 7:55 – U 20:05
Tag °C
Nacht °C

9 Sa
Stuttgart (Min./Max. 1988-2017): im Mittel -0,3°C / 9,1°C
Extremwerte: -13,3°C (2005) / 20,7°C (1998)
Sonne: 6:47 – 18:14
Mond: A 8:15 – U 21:11
Tag °C
Nacht °C

10 So
Augsburg (Min./Max. 1988-2017): im Mittel -1,7°C / 7,8°C
Extremwerte: -16,9°C (2006) / 20,4°C (1998)
Sonne: 6:45 – 18:16
Mond: A 8:36 – U 22:19
Tag °C
Nacht °C

11 Mo
Hamburg (Min./Max. 1988-2017): im Mittel 1,4°C / 8,6°C
Extremwerte: -15,3°C (2006) / 19,8°C (1990)
Sonne: 6:43 – 18:18
Mond: A 8:59 – U 23:27
Tag °C
Nacht °C

12 Di
Berlin (Min./Max. 1988-2017): im Mittel 1,7°C / 8,8°C
Extremwerte: -11,5°C (2013) / 20,9°C (2012)
Sonne: 6:41 – 18:19
Mond: A 9:26 – U - -
Tag °C
Nacht °C

13 Mi
Düsseldorf (Min./Max. 1988-2017): im Mittel 3,0°C / 11,4°C
Extremwerte: -11,9°C (2013) / 22,4°C (2004)
Sonne: 6:38 – 18:21
Mond: U 0:37 – A 9:58
Tag °C
Nacht °C

14 Do
Erfurt (Min./Max. 1988-2017): im Mittel 0,8°C / 8,3°C
Extremwerte: -14,1°C (2013) / 21,4°C (2004)
Sonne: 6:36 – 18:22
Mond: U 1:46 – A 10:37
Tag °C
Nacht °C

15 Fr
Frankfurt/M. (Min./Max. 1988-2017): im Mittel 2,4°C / 11,7°C
Extremwerte: -10,5°C (2013) / 21,8°C (2004)
Sonne: 6:34 – 18:24
Mond: U 2:52 – A 11:27
Tag °C
Nacht °C

16 Sa
Stuttgart (Min./Max. 1988-2017): im Mittel 1,1°C / 10,9°C
Extremwerte: -12,7°C (2010) / 23,4°C (2004)
Sonne: 6:32 – 18:26
Mond: U 3:52 – A 12:28
Tag °C
Nacht °C

17 So
Augsburg (Min./Max. 1988-2017): im Mittel -0,1°C / 9,8°C
Extremwerte: -13,0°C (2010) / 20,9°C (2004)
Sonne: 6:30 – 18:27
Mond: U 4:44 – A 13:40
Tag °C
Nacht °C

Wetter und Garten

Bestimmte Gräserarten wie beispielsweise die Läger-Rispe haben eine hohe Schattenverträglichkeit und wachsen auch noch bei 50 bis 75 Prozent Lichtreduzierung. Sie sind allerdings weniger belastbar. Schattenrasen sollte möglichst früh im Jahr ausgesät werden – wenn der Boden nicht zu feucht ist, bereits ab Anfang März. Bis zum Blattaustrieb der Gehölze dauert es dann noch einige Wochen und die jungen Gräser haben so besonders viel Licht zum Wachsen. Vorübergehende Kälteeinbrüche sind kein Problem, denn Rasengräser sind auch im Jugendstadium sehr frosthart. Wichtig ist, dass der Boden nicht austrocknet, wenn die Bäume während des Austriebs der Erde sehr viel Wasser entziehen.

Halbschattige Standorte sind für die meisten Gräserarten noch ausreichend, im Gegensatz zu dunklen Gartenecken.

Monatsthema

Wetterwarte Schneekoppe

Das Riesengebirge erstreckt sich an der Grenze zwischen Polen und Tschechien auf einer Länge von etwa 70 km von Nordwest nach Südost und erreicht mit der Schneekoppe (tschech. Sněžka, poln. Śnieżka) eine Höhe von 1603 m. Sie ist ein klimatischer Sonderfall und stellt mit einer Jahresmitteltemperatur von 0,5 °C (im Zeitraum 1880 bis 2017) eine arktische Insel in Mitteleuropa dar. So sind die Gipfel des Riesengebirgskammes eher einem Hoch- als einem Mittelgebirge zuzuordnen. Das Klima ist dort sehr rau und erreicht auf der Schneekoppe Werte, die in den Alpen an exponierten Stellen erst in Höhen von etwa 2100 m gemessen werden (Abb. 3.1.)

Extremes Klima

Lange schneereiche Winter und kurze Sommer, ebenso Winterstürme von weit über 200 km/h prägen das Klima. Große Teile des hochplateauartigen Kammes liegen fünf bis sieben Monate unter einer Schneedecke. Schneehöhen von mehr als 3 Meter sind keine Seltenheit. An den Steilhängen können sich Wächten von über 15 Meter ausbilden und in den Schneegruben findet man häufig bis in den Spätsommer letzte Überreste des Winters. Lawinenabgänge sind fast jedes Jahr zu verzeichnen. Das schlimmste Lawinenunglück ereignete sich am 20. März 1968 mit 19 Toten. 200 Frosttage sind auf der

Abb. 3.1: Auf dem Riesengebirgskamm: Hochmoore, Wollgras und Latschenkiefern sind typisch für die Landschaft, im Hintergrund die Schneekoppe.

Schneekoppe der Normalfall, nur der Monat Juli ist nach der Statisik frostfrei. An durchschnittlich 120 Tagen (selbst im Sommer) fällt Schnee. 309 Nebeltage und jährliche Niederschlagssummen von 1200 bis 1500 mm tragen zum rauen Klima bei. Die jährliche Sonnenscheindauer von durchschnittlich 1425 Stunden ist vergleichsweise niedrig. Besonders häufig scheint die Sonne jedoch im Spätherbst und in den Wintermonaten, wenn über den Niederungen ein Nebelmeer liegt. Dann sinkt die Luftfeuchte auf fast 0 Prozent und es sind Sichtweiten von 200 Kilometer möglich. Allerdings stellt sich dazu häufig ein heftiger Föhnsturm auf dem Kamm und am Steilabfall zur polnischen Seite hin ein (Abb. 3.2). Der Wetterbeobachter erlebt die Schönheiten der Schneekoppe oft auf seine eigene, ganz besondere Art und Weise. Der Berg bietet eindrucksvolle Sonnenauf- und Sonnenuntergänge, und bei guten Fernsichten sind auch Luftspiegelungen an entfernten Gebirgen keine Seltenheit. Auch rasch wechselnde Wolkenstimmungen, bizarre Nebelfrostablagerungen von bis zu 3 Metern und das Pfeifen des Sturms am Gebäude gehören zum Alltag.

Die Bewohner des Riesengebirges, die sich ab Ende des 12. Jahrhunderts in den Tälern, später auch in den höheren bewaldeten Lagen als Bergbauern, Glasbläser und Bergmänner ansiedelten, bekamen das raue Klima des Gebirges zu spüren. Nicht nur Kälte, Schnee, Regen, Hochwasser und Sturm machten diesen Menschen zu schaffen. Auch zahlreiche damals nicht erklärbare Wettererscheinungen wie Elmsfeuer bei Gewitter, dichter Nebel mit Glorien (Brockengespenst), Nebelbögen und mit dickem Raureif zu mystischen Gestalten umfrorene Bäume kamen dazu. Diese Phänomene trugen im Mittelalter zu vielen Sagen und Märchen in „Rübezahls Reich" bei.

Abb. 3.2: Föhnsturm unterhalb der Schneekoppe.

Die erste Wetterwarte

Etwa ab dem Jahr 1750 zog das Riesengebirge die ersten Besucher und Wissenschaftler an. Bereits 1786 gab es einige Versuche, meteorologische, botanische und physikalische Beobachtungen auf der Schneekoppe vorzunehmen. Meist waren diese nur von kurzer Dauer. Ab Juli 1824 wurden für elf Jahre meteorologische Messungen durchgeführt, allerdings nur im Sommer, denn im Winter schien ein Überleben in dieser unwirtlichen Natur für die damaligen Forscher nicht möglich zu sein. Die ersten ganzjährigen, aber unvollständigen Wetterbeobachtungen führte kurz vor 1850 der Schneekoppenwirt Carl Siebenhaar durch. Als nach mehrmaligen Aufbauversuchen zwischen 1850 und 1870 schließlich eine ständig bewirtschaftete Baude und Herberge in Betrieb ging, wurde Johann Kirchschlager in Verbindung mit anderen Tätigkeiten von 1880 bis 1900 Wetterbeobachter auf der Schneekoppe. Damit war der Grundstein für die bis heute fortlaufende Beobachtungsreihe gelegt. Im Jahr 1898 wurde vom „Königlich Preußischen Meteorologischen Institut" der Bau eines eigenen Observatoriums in Angriff genommen. Am 5. Juni 1900 nahm die überwiegend aus Holz konstruierte und mit Stahlseilen abgespannte Wetterwarte ihren Betrieb auf (Abb. 3.3). Der erste mit seiner Familie oben lebende langjährige Wetterwart war Ludwig Schwarz.

Abb. 3.3: Die Schneekoppe im Jahr 1900, links: schlesische Baude; Mitte, hinten: böhmische Baude; Mitte, vorn : Laurentiuskapelle; rechts : meteorologisches Observatorium.

Im Erdgeschoß befanden sich beengte Privatzimmer, im ersten Stock die Dienstzimmer und darüber schloss sich der Turm mit Aussichtsplattform und den meteorologischen Instrumenten an. Als Ludwig Schwarz am 1. Juli 1933 nach 32 Dienstjahren auf der Schneekoppe aus Altersgründen seinen Posten übergeben musste, sagte er, dass „... die Wetterwarte so manchen Sturm erlebte. Doch nichts hat sie wankend gemacht. Flogen auch die zentnerschweren eisernen Windmesser wiederholt wie Spielzeuge in den Riesengrund, verbog die Wucht gewaltiger Winterstürme die Blitzableiter zu krummen Gebilden, feststehen blieb doch das mit stählernen Trossen verankerte Meisterwerk Grossers" (Baurat und Planer der Wetterwarte). Seine Nachfolger hielten es jedoch nur für kurze Zeiträume unter den rauen Bedingungen auf dem Berg aus. Der letzte deutsche Meteorologe war Kurt Glaß, der am 14. Oktober 1943 seinen Dienst auf der Schneekoppe antrat und bis kurz nach Ende des 2. Weltkrieges unter dem Schutz polnischer Soldaten, mit polnischer Verpflegung, den Dienstbetrieb weiterführte. Er war es auch, der wenige Stunden nach Kriegsende die befohlene Sprengung der Wetterwarte verhinderte. Nahezu ohne Einschränkungen ging die Wetterstation am 16. Juli 1945 in polnischen Besitz über und wurde durch den neu gegründeten Wetterdienst in gleicher, dem damaligen Standard entsprechender Art und Weise weitergeführt.

Das neue Observatorium

Bereits 1949 gab es erste Überlegungen, ein neues Observatorium auf dem Gipfel zu errichten. Doch zuvor musste der Zufahrtsweg auf den Berg ausgebaut und die alte preußische Bergbaude abgerissen werden. Die neue Herberge, das „Ufo-Gebäude" mit

Abb. 3.4: Sicherungsarbeiten am teilweise eingestürztem Observatorium im März 2009.

seinen drei „Tellern" für die Wetterbeobachter und einem Restaurant für die Wanderer war eine ungeheure Investition. Der Aufbau erfolgte von 1964 bis 1969. Doch wegen verschiedenartiger Probleme konnte die Wetterbeobachtung und Messung erst am 23. Oktober 1976 vollständig im neuen Observatorium beginnen, ab diesem Zeitpunkt stand die alte Wetterwarte leer. Auf Grund des schlechten Zustandes und wegen der Sicherheit für die Touristen wurde 1989 dieses historische Bauwerk abgerissen. Es gab zwar Pläne über einen Wiederaufbau in Karpacz (Krummhübel), die aber nicht verwirklicht werden konnten.

Extreme Verhältnisse herrschten auf der Schneekoppe im März 2009 nach knapp fünf Monaten Frost. Bei einer Schneehöhe von 250 cm, Nebelfrostablagerungen von über 3 Metern und einem Orkan mit 140 km/h drohte die Wetterwarte einzustürzen. In der Nacht vom 15. zum 16. März 2009 ereignete sich eine große Katastrophe für die Wetterbeobachtung auf der Schneekoppe. Der Turmrundgang brach herunter und die Statik des Gebäudes war verzogen (Abb. 3.4); die Mitarbeiter mussten evakuiert werden. In der Folge wurde der Schichtbetrieb und die Wetterbeobachtung in der polnischen Baude Schronisko Dom Śląski (Schlesierhaus) am Fuße der Schneekoppe, ca. 200 m tiefer gelegen und eine halbe Stunde Fußmarsch entfernt, weitergeführt. Nach der Sicherung und baulichen Instandsetzung des Gebäudes konnten die meteorologischen Messungen ab Herbst 2009 wieder auf dem Gipfel der

Abb. 3.5: Auf dem Dach der wieder mit Personal besetzten Wetterwarte (Juni 2017).

Schneekoppe vorgenommen werden, allerdings automatisiert. Da aber, besonders im Winterhalbjahr eine nahezu ständige Betreuung, Pflege und Wartung der immer wieder vereisten Messtechnik notwendig war und das bei jedem Wetter, egal ob Schneesturm, - 10 °C oder dichtester Nebel, erwies sich diese Lösung als wenig praktikabel. Entgegen den Planungen einiger anderer Wetterdienste in Europa wurde vom polnischen Institut für Meteorologie und Wasserwirtschaft (IMGW) entschieden, diese wichtige meteorologische Station 1. Ordnung (internationale Stationskennziffer 12510) nicht im automatischen Betrieb weiter laufen zu lassen. Es erfolgte eine grundlegende und kostenintensive Sanierung. Im Mai 2016 konnten die Wetterbeobachter dann ihre „neue" Station mit Konferenzraum, Einbauküche, Waschmaschine, Sanitäranlagen, Schlafmöglichkeiten und dem Beobachterraum mit einem idealen Rundumblick im oberen „Teller" wieder beziehen (Abb. 3.5). Sechs Kollegen teilen sich in den Schichtdienst. Jeweils einer arbeitet von 6 bis 18 Uhr bzw. von 18 bis 6 Uhr; die beiden verbleiben zehn Tage auf dem Berg, bis sie abgelöst werden. So kann die bald 140-jährige Messreihe weitergeführt werden, die teilweise unter schwierigsten Bedingungen entstand. Aber gerade solche exponierte Wetterwarten, die aus der bodennahen Luftschicht herausragen und damit von lokalen menschlichen Einflüssen wenig betroffen sind, liefern wichtige Daten über klimatische Veränderungen. Auch in Zukunft sollten daher die Messungen an gut ausgewählten Standorten in gleichbleibender Qualität fortgeführt werden. Wir danken Matthias Barth für die Bereitstellung der Informationen.

Im rund 2300 m hoch gelegenen Norris-Geysir-Becken im Yellowstone-Nationalpark (US-Bundesstaat Wyoming) taut die winterliche Schneedecke meist im April ab. Nur in unmittelbarer Nähe der Geysire bleiben dann noch riesige Schneehaufen übrig. Dieser Schnee ist während der Wintermonate aus dem heißen Geysir-Wasserdampf entstanden. Das ausgestoßene Wasser erreicht Temperaturen bis über 170 °C und verdunstet in der kalten Winterluft innerhalb kürzester Zeit. Bei Minustemperaturen entstehen ausgehend von winzigen Partikeln in der Luft Eiskristalle, an die sich weiterer Wasserdampf anlagert, bis sie schließlich zu schwer werden und zu Boden sinken. Im Gegensatz zu den anderen Geysir-Becken im Yellowstone-Nationalpark ist das Wasser im Norris-Becken überwiegend säurehaltig und nicht basisch.

Wetter und Natur

Honigtauproduktion

Honigtau gibt es auf Blättern in Tropfenform oder als lackartigen, klebrigen Überzug. Der Grund können unmittelbare Ausscheidungen der Pflanzen sein. Häufig sind die Verursacher aber Blattläuse und andere saugende Insekten, die meist an der Unterseite der Blätter sitzen, um gegen Regen und starke Sonnenstrahlung geschützt zu sein. Sie bohren die Blätter an und saugen anschließend den Saft aus den Pflanzen, aus dem sie Aminosäuren gewinnen. Nach der Verdauung werden zuckerhaltige Rückstände ausgeschieden. Oftmals ist die Absonderung des Honigtaus sehr groß, dann tropft er regelrecht von den Blättern. Auf Pflaster und Asphaltflächen bilden sich bevorzugt unter Linden große schwarze Tropfflecken. Aber auch auf Nadelbäumen ist Honigtau in großen Mengen vorhanden. Hier sind beispielsweise die Fichtenquirlschildläuse verbreitet, die wegen ihrer geringen Größe nur schwer zu entdecken sind. Ein ausgewachsener Nadelbaum von 25 bis 30 m Höhe kann über Nacht 10 bis 15 Liter Nadelhonigtau liefern. Das Eintragen durch die Bienen findet vor allem in den frühen Vormittagsstunden statt, da mit zunehmender Sonneneinstrahlung der Honigtau immer mehr eintrocknet. Die Honigtauproduktion ist witterungsabhängig. In warmer Luft ist die Saugtätigkeit und die Vermehrungsrate der Insekten am höchsten. Bei starkem Regen wird dagegen ein Teil von ihnen weggespült, so dass vorübergehend weniger Honigtau anfällt.

Bienen sammeln nicht nur Nektar von Blüten, sondern auch Honigtau von Bäumen. Wenn Laubbäume die Quelle sind, spricht man von Blatthonig, bei Nadelbäumen von Waldhonig.

April in Dawson City

Die ehemalige Goldgräberstadt Dawson City (64° 3' N, 139° 25' W) liegt im äußersten Nordwesten Kanadas an der Mündung des Klondike River in den Yukon. In den kurzen Sommern steigen die Temperaturen dort gelegentlich auf über 30 °C, in den langen Wintern kann es dagegen bis unter -50 °C kalt werden. Von November bis Februar herrscht strenger Frost mit vereinzelt kurzen Unterbrechungen, wenn ein Tief milde Luft vom Pazifik bringt. Im April liegen die mittleren Höchstwerte bei 8 °C, die Tiefstwerte bei -8°C. In Extremfällen sind über 20 °C möglich, aber auch noch bis zu -40 °C. Jährlich laufen Wetten, wann das Eis des Yukon aufbricht und sich in Bewegung setzt. Der Zeitpunkt wird minutengenau festgehalten, wenn die Kabelverbindung zu einer Marke auf dem Eis abreißt. Im ungewöhnlich warmen Frühling 2016 wurde am 23. April um 11:15 Uhr der bisher früheste Termin erreicht, der späteste stammt vom 28. Mai 1964 um 12:13 Uhr.

Wetterwissen

Wettereffektmaschinen

Die Geräusche von Donner, Wind und Regen sind in der heutigen Theatertechnik meist Produkte von Soundmaschinen. Aber auch in früheren Jahrhunderten konnten mithilfe von sogenannten Effektmaschinen täuschend echte Wettergeräusche produziert werden. Bei der Windmaschine wurde ein Segeltuch über einen Zylinder mit Kurbel gespannt. Wenn man das Rad drehte, rieb es sich am Stoff und erzeugte das Geräusch von heulendem Wind in der gewünschten Stärke. Regengeräusche entstanden durch Erbsen, die über Blechplatten in einen Holzschacht rieselten. Eine andere Variante der Regenmaschine ist eine mit Erbsen oder kleinen Steinen gefüllte rotierende Trommel. Donnermaschinen zum Nachahmen des Donners haben eine lange Geschichte. Bereits in den Theatern der Griechen und Römer befand sich dazu das Bronteion (Bronteum) hinter der Bühne. Es bestand aus einem eisernen Kessel, in den aus Schläuchen Steine geschüttet wurden, was ein donnerähnliches Getöse zur Folge hatte. Im Laufe der Jahrhunderte wurden auch Pauken eingesetzt oder schwere Wagen mit eckigen Rädern, die man auf eigens dazu hergerichteten Bahnen hin- und herfuhr. Im Barocktheater des 17. und 18. Jahrhunderts wurde der Donner auch mithilfe von Holzbrocken imitiert, die durch einen langen schräg gestellten Holzkasten rollten.

Zur Wiedereröffnung des Markgräflichen Opernhauses in Bayreuth im April 2018 wurden die verloren gegangenen Effektmaschinen aus der Barockzeit nachgebaut. Das Foto entstand während der Arbeiten an der Donnermaschine. Der Holzkasten mit einer Öffnung für den „Donnerbrocken“ wird an einem Gerüst befestigt und zur Erzeugung des Donnergrollens mit einem Seilzug auf und ab bewegt.

Typische Wetterlagen im April

Südost, Süd, Südwest: Im Westen und Norden teilweise bewölkt mit etwas Regen, nach Osten hin Wechsel zwischen Sonne und Wolkenfeldern. Warm bei 18 bis 25 °C. In der zweiten Monatshälfte erste Wärmegewitter möglich. Die ersten fast schon sommerlichen Tage gibt es normalerweise gegen Monatsende. Manchmal entwickelt sich sogar schon eine frühe „Hitzewelle“, wie in den Jahren 2007, 2009, 2011 oder 2018.

West, Tiefdrucklage über Mitteleuropa: Wechselhaftes Wetter. Immer wieder Durchzug von Fronten mit Regen, dazwischen sonnige Phasen. Wechsel zwischen erwärmter Meeresluft mit Temperaturen von 13 bis 18 °C und kalter Meeresluft mit 7 bis 13 °C, im Gebirge über 1500 m Neuschnee.

Nordwest, Nord: Diese Luftströmung bringt neben Regengebieten häufig das klassische Aprilwetter mit wiederholten Regen-, Schnee- und Graupelschauern (auch kurzen Gewittern). Dazwischen sonnige Abschnitte, im Bergland Schneefall. Kalt bei Temperaturen zwischen 3 und 9 °C, in klaren Nächten Frost bis -5 °C (je nach Vegetationsentwicklung Frostschäden, beispielsweise an Obstbäumen und Rebstöcken).

Nordost, Ost, Hochdrucklage über Mitteleuropa: Viel Sonnenschein mit einzelnen Schönwetterquellwolken. Große Temperaturschwankungen zwischen Tag und Nacht: tagsüber frühlingshaft bei 13 bis 19 °C (bei Nordostwind etwas kühler), nachts örtlich leichter Bodenfrost um -2 °C.

Im warmen April 2018 waren die Verhältnisse ideal für die Obstblüte wie hier am Bodensee. Unter den Obstbauern herrschte große Erleichterung, denn im Jahr zuvor hatten zwei Frostnächte einen Großteil der Ernte zerstört.

1 Mo
Hamburg (Min./Max. 1988-2017): im Mittel 3,0°C / 11,9°C
Extremwerte: -6,8°C (2013) / 22,4°C (2009)
Sonne: 6:57 – 19:51
Mond: A 5:53 – U 15:40
Tag °C
Nacht °C

2 Di
Berlin (Min./Max. 1988-2017): im Mittel 3,6°C / 12,9°C
Extremwerte: -8,1°C (1996) / 24,9°C (2011)
Sonne: 6:55 – 19:52
Mond: A 6:18 – U 16:45
Tag °C
Nacht °C

3 Mi
Düsseldorf (Min./Max. 1988-2017): im Mittel 4,4°C / 13,6°C
Extremwerte: -5,9°C (1996) / 23,7°C (2011)
Sonne: 6:53 – 19:54
Mond: A 6:40 – U 17:49
Tag °C
Nacht °C

4 Do
Erfurt (Min./Max. 1988-2017): im Mittel 2,3°C / 11,7°C
Extremwerte: -6,0°C (2002) / 22,8°C (2011)
Sonne: 6:51 – 19:56
Mond: A 7:01 – U 18:55
Tag °C
Nacht °C

5 Fr
Frankfurt/M. (Min./Max. 1988-2017): im Mittel 4,1°C / 14,4°C
Extremwerte: -3,5°C (2013) / 24,5°C (2011)
Sonne: 6:48 – 19:57
Mond: A 7:21 – U 20:02
Tag °C
Nacht °C

6 Sa
Stuttgart (Min./Max. 1988-2017): im Mittel 3,1°C / 13,1°C
Extremwerte: -4,0°C (2003) / 24,7°C (2011)
Sonne: 6:46 – 19:59
Mond: A 7:41 – U 21:10
Tag °C
Nacht °C

7 So
Augsburg (Min./Max. 1988-2017): im Mittel 2,0°C / 12,5°C
Extremwerte: -5,8°C (2003) / 24,0°C (2011)
Sonne: 6:44 – 20:00
Mond: A 8:03 – U 22:19
Tag °C
Nacht °C

Dürre in Argentinien

Im Südsommer 2017/18 herrschte in Teilen von Argentinien und Uruguay eine große Dürre. Die Ausfälle bei der Getreide- und Sojaproduktion führten zur bisher teuersten Naturkatastrophe der beiden Länder. Infolge der verminderten Ernte war zudem sehr wenig Futter für die Versorgung der Tiere im Winter vorhanden. In Ost- und Zentralargentinien fiel von Januar bis April 2018 weniger als ein Viertel der durchschnittlichen Regenmenge. In den anderen Regionen von Argentinien sowie in Uruguay regnete es etwas mehr, aber die Regenmengen blieben unter 50 Prozent. In diesen Zahlen ist der vergleichsweise ergiebige Regen Anfang April 2018 schon enthalten. In der Wachstumszeit der Pflanzen fiel die Regenbilanz noch schlechter aus.

Pollen und Wind

An einem sonnigen und mäßig windigen Tag ist die Pollenbelastung am höchsten. Dann können Pollen Strecken von über 100 km zurücklegen. Bei starkem Wind werden die Pollen dagegen sehr hoch aufgewirbelt, wodurch die Konzentration absinkt.

4 APRIL

Wetter und Garten

Rhododendronzikaden fügen den Rhododendren eigentlich keinen nennenswerten Schaden zu. Die nur wenige Millimeter großen Schädlinge ernähren sich zwar vom Pflanzensaft der Blätter, treten aber nicht so gehäuft auf wie Blattläuse. Das Problem ist ein Pilz, den die Weibchen bei der Eiablage übertragen. Sie schneiden kleine Ritzen in die Blütenknospen und legen darin jeweils ein Ei ab. In die entstandenen Wunden nistet sich der Erreger ein und führt zur sogenannten Knospenbräune. Vor dem Schlüpfen der neuen Larvengeneration Ende April sollten alle befallenen Blütenknospen entfernt werden.

Bei schwarzen, abgestorbenen Knospen an Rhododendren handelt es sich nicht um winterliche Frostschäden, sondern um eine Pilzkrankheit.

8 Mo
Hamburg (Min./Max. 1988-2017): im Mittel 3,2°C / 12,2°C
Extremwerte: -7,1°C (2003) / 24,2°C (2007)
Sonne: 6:42 – 20:02
Mond: A 8:29 – U 23:29
Tag °C
Nacht °C

9 Di
Berlin (Min./Max. 1988-2017): im Mittel 3,9°C / 12,8°C
Extremwerte: -4,9°C (2003) / 24,5°C (1989)
Sonne: 6:40 – 20:03
Mond: A 8:59 – U - -
Tag °C
Nacht °C

10 Mi
Düsseldorf (Min./Max. 1988-2017): im Mittel 3,8°C / 13,9°C
Extremwerte: -6,3°C (2003) / 28,1°C (2007)
Sonne: 6:38 – 20:05
Mond: U 0:40 – A 9:35
Tag °C
Nacht °C

11 Do
Erfurt (Min./Max. 1988-2017): im Mittel 2,2°C / 11,9°C
Extremwerte: -9,0°C (2003) / 22,4°C (2007)
Sonne: 6:36 – 20:07
Mond: U 1:47 – A 10:21
Tag °C
Nacht °C

12 Fr
Frankfurt/M. (Min./Max. 1988-2017): im Mittel 4,3°C / 14,6°C
Extremwerte: -4,5°C (2003) / 28,3°C (2007)
Sonne: 6:34 – 20:08
Mond: U 2:48 – A 11:17
Tag °C
Nacht °C

13 Sa
Stuttgart (Min./Max. 1988-2017): im Mittel 3,2°C / 13,1°C
Extremwerte: -6,3°C (2003) / 25,7°C (2007)
Sonne: 6:32 – 20:10
Mond: U 3:41 – A 12:24
Tag °C
Nacht °C

14 So
Augsburg (Min./Max. 1988-2017): im Mittel 1,9°C / 12,6°C
Extremwerte: -8,1°C (2003) / 23,8°C (2007)
Sonne: 6:30 – 20:11
Mond: U 4:25 – A 13:38
Tag °C
Nacht °C

15 Mo
Hamburg (Min./Max. 1988-2017): im Mittel 3,3°C / 13,6°C
Extremwerte: -5,4°C (1991) / 26,7°C (1996)
Sonne: 6:27 – 20:13
Mond: U 5:01 – A 14:57
Tag °C
Nacht °C

16 Di
Berlin (Min./Max. 1988-2017): im Mittel 4,5°C / 14,6°C
Extremwerte: -3,3°C (2005) / 27,3°C (1996)
Sonne: 6:25 – 20:14
Mond: U 5:32 – A 16:18
Tag °C
Nacht °C

17 Mi
Düsseldorf (Min./Max. 1988-2017): im Mittel 4,4°C / 15,1°C
Extremwerte: -4,1°C (2017) / 28,1°C (2007)
Sonne: 6:23 – 20:16
Mond: U 5:59 – A 17:39
Tag °C
Nacht °C

18 Do
Erfurt (Min./Max. 1988-2017): im Mittel 3,0°C / 13,0°C
Extremwerte: -4,8°C (1997) / 25,8°C (1996)
Sonne: 6:21 – 20:18
Mond: U 6:24 – A 19:00
Tag °C
Nacht °C

19 Fr
Karfreitag
Frankfurt/M. (Min./Max. 1988-2017): im Mittel 4,6°C / 15,7°C
Extremwerte: -2,9°C (2017) / 27,8°C (2007)
Sonne: 6:19 – 20:19
Mond: U 6:48 – A 20:20
Tag °C
Nacht °C

20 Sa
Stuttgart (Min./Max. 1988-2017): im Mittel 3,6°C / 14,0°C
Extremwerte: -5,6°C (1991) / 25,9°C (1996)
Sonne: 6:17 – 20:21
Mond: U 7:14 – A 21:38
Tag °C
Nacht °C

21 So
Ostersonntag
Augsburg (Min./Max. 1988-2017): im Mittel 2,4°C / 13,3°C
Extremwerte: -3,7°C (2017) / 24,6°C (1996)
Sonne: 6:15 – 20:22
Mond: U 7:42 – A 22:53
Tag °C
Nacht °C

Aprilschnee in Innsbruck

Schneefall im April ist in Innsbruck keine Seltenheit und kommt im Schnitt fast jedes Jahr vor. Manchmal schneit es bei Plusgraden und der Schnee bleibt nicht liegen. Gelegentlich kommen aber auch noch einmal Schneehöhen von 5 bis über 10 cm vor. In Tallagen hält sich der Schnee jedoch nur selten mehrere Tage lang. So lagen am 7. April 2015 morgens am Innsbrucker Flughafen 12 cm Schnee bei einer Temperatur von -3 °C. Tagsüber schmolz der Schnee aber unterhalb von 1000 m Höhe rasch wieder weg. Extrem waren die Verhältnisse Mitte April 1999. Zunächst fiel von den östlichen Stubaier Alpen bis zu den Tuxer Alpen bis zu ein Meter Neuschnee. Am Morgen des 17. April 1999 lagen selbst in Innsbruck 20 cm Schnee. Es kam zu einem totalen Verkehrschaos auf der Brenner-Autobahn. Nachdem in der Folge auch die Brenner-Bundesstraße gesperrt wurde, war der Straßenverkehr über den Brenner völlig blockiert. Auf der Brenner-Autobahn mussten die Autofahrer die Nacht vom 16. auf den 17. April 1999 in ihren Fahrzeugen verbringen. Auf allen Bergstraßen herrschte Schneekettenpflicht.

„Ist der April schön und rein, wird der Mai um so wilder sein.“

Nach einer ersten ausgeprägten Wärmephase im April folgt oft kühleres Wetter. In den meisten Jahren erstreckt sich diese Abkühlung aber nicht über mehrere Wochen. Nicht bestätigt hat sich die Regel auf jeden Fall im Ausnahmejahr 2018. Da war der April bereits etwas wärmer als ein durchschnittlicher Mai. Aber auch der Mai wurde ungewöhnlich warm und zählte zu einem der beiden wärmsten Maimonate seit Aufzeichnungsbeginn im Jahr 1880.

Erste Unwetter der Saison

Am 27. April 2015 stiegen die Temperaturen in Sachsen, Bayern und im Alpenraum örtlich auf über 25 °C. In der Nordwesthälfte Deutschlands war es dagegen deutlich kühler. In der Eifel und im Westerwald lagen die Höchstwerte bei 7 °C. An der Kaltfront entstanden am Abend vom Bodensee über Franken bis in die Lausitz die ersten heftigen „Sommergewitter“. An einigen Wetterstationen wurden innerhalb einer Stunde 20 bis 50 mm Regen gemessen. Lokal fiel Hagel mit einem Durchmesser von 2 bis 3 cm.

22 Mo
Ostermontag
Hamburg (Min./Max. 1988-2017): im Mittel 5,7°C / 15,9°C
Extremwerte: -3,1°C (1988) / 28,6°C (1996)
Sonne: 6:13 – 20:24
Mond: U 8:14 – A - -
Tag °C
Nacht °C

23 Di
Berlin (Min./Max. 1988-2017): im Mittel 7,2°C / 17,5°C
Extremwerte: -3,5°C (1988) / 30,2°C (2012)
Sonne: 6:11 – 20:25
Mond: A 0:03 – U 8:52
Tag °C
Nacht °C

24 Mi
Düsseldorf (Min./Max. 1988-2017): im Mittel 6,5°C / 17,2°C
Extremwerte: -2,5°C (2010) / 28,0°C (2007)
Sonne: 6:10 – 20:27
Mond: A 1:07 – U 9:37
Tag °C
Nacht °C

25 Do
Erfurt (Min./Max. 1988-2017): im Mittel 5,3°C / 15,9°C
Extremwerte: -4,5°C (1988) / 28,8°C (2012)
Sonne: 6:08 – 20:28
Mond: A 2:02 – U 10:28
Tag °C
Nacht °C

26 Fr
Frankfurt/M. (Min./Max. 1988-2017): im Mittel 6,9°C / 18,2°C
Extremwerte: -2,2°C (1997) / 29,7°C (2012)
Sonne: 6:06 – 20:30
Mond: A 2:48 – U 11:24
Tag °C
Nacht °C

27 Sa
Stuttgart (Min./Max. 1988-2017): im Mittel 5,7°C / 17,0°C
Extremwerte: -4,1°C (1991) / 29,8°C (2012)
Sonne: 6:04 – 20:32
Mond: A 3:25 – U 12:25
Tag °C
Nacht °C

28 So
Augsburg (Min./Max. 1988-2017): im Mittel 4,2°C / 16,7°C
Extremwerte: -4,8°C (1997) / 29,4°C (2012)
Sonne: 6:02 – 20:33
Mond: A 3:56 – U 13:28
Tag °C
Nacht °C

29 Mo Hamburg (Min./Max. 1988-2017): im Mittel 5,9°C / 16,6°C
Extremwerte: -2,6°C (2011) / 27,6°C (2003)
Sonne: 6:00 – 20:35
Mond: A 4:23 – U 14:32

Tag °C

Nacht °C

30 Di Berlin (Min./Max. 1988-2017): im Mittel 7,8°C / 18,3°C
Extremwerte: 0,1°C (2017) / 31,0°C (2005)
Sonne: 5:58 – 20:36
Mond: A 4:45 – U 15:36

Tag °C

Nacht °C

Fichtenpollensturm

Ende April 2018 wurden an windigen Tagen riesige Wolken von Fichtenpollen aufgewirbelt. Das Bild unten zeigt das Vorarlberger Rheintal bei Dornbirn am 23. April 2018. Die Folge sind zwar lästige Ablagerungen, aber keine allergischen Reaktionen.

Monatsthema

Der neue Wolkenatlas

Der internationale Wolkenatlas der Weltorganisation für Meteorologie (WMO) enthält alle bekannten Arten von Wolken weltweit. Seine Fotos und Zeichnungen der zehn Wolkengattungen und ihrer Unterarten bilden die Basis für die Einstufung der Wolken bei der Wetterbeobachtung. Im Jahr 2017 wurde von der WMO eine Neuauflage mit einigen neuen Wolkentypen vorgestellt.

Wolkennamen

Die Einteilung von Wolken geht auf den britischen Apotheker und Hobby-Meteorologen Luke Howard zurück. 1803 veröffentlichte er eine Arbeit, die Wolken mit lateinischen Begriffen ähnlich klassifizierte, wie es Carl von Linné ein paar Jahrzehnte vorher mit der Taxonomie von Lebewesen gemacht hatte. Im September 1896 (im Internationalen Jahr der Wolken) wurde in Paris auf der jährlichen Tagung des Internationalen Meteorologischen Kongresses die erweiterte Version von Howards ursprünglicher Wolkenklassifikation als offizieller internationaler Standard verabschiedet. Kurz nach der Pariser Konferenz erschien ein mehrsprachiger Leitfaden unter dem Titel „Internationaler Wolkenatlas". Der

Abb. 4.1: Die unheilvoll aussehenden Asperitas-Wolken lösen sich meist ohne besondere Wettererscheinungen wieder auf.

Atlas stellt ein umfassendes Nachschlagewerk dar, das eine ausführliche Beschreibung der Wolken sowie der Beobachtungs- und Verschlüsselungsverfahren enthält. Sie gelten für Beobachter, die sich am Boden oder in der Luft befinden. In den ersten Jahrzehnten gab es noch zahlreiche Neuerungen und Erweiterungen. Die wichtigsten Wolken können durch einen zweiteiligen Namen beschrieben werden, der mit einer der zehn Wolkengattungen beginnt und dann durch eine von 14 Wolkenarten ergänzt wird. Die dafür gewählten Adjektive spielen auf die charakteristischen Formen und Strukturen der Wolken an. Beispielsweise ist ein Cirrostratus nebulosus die strukturlose Variante eines Eiswolkenschleiers, nebulosus steht im Lateinischen für neblig oder verschwommen.

Neuauflage nach 30 Jahren

Um den neuesten Stand des Wissens widerzuspiegeln, hat die WMO erstmals seit 1987 eine Neuauflage des internationalen Wolkenatlas erarbeitet. Er enthält Hunderte neuer Fotos von Wolkentypen und auch einige neue, zusätzliche Wolkenarten. Der Wolkenatlas ist vollständig im Internet verfügbar unter cloudatlas.wmo.int.

Neu hinzugefügt wurde unter anderem Asperitas - ein sehr seltener Wolkentyp, der erst seit einigen Jahren dokumentiert ist. Wie sein lateinischer Name verrät, ist seine Oberfläche „rauh" und „uneben". Nach Kampagnen von Wolkenliebhabern in aller Welt (wie der „Cloud Appreciation Society") wurde Asperitas nun in den Wolkenatlas aufgenommen (Abb. 4.1).

Die Volutus- oder Rollenwolke (Abb. 4.2) ist eine Wolkenart innerhalb der Gattungen Altocumulus und Stratocumulus. Sie ist gekennzeichnet durch eine Wolkenmasse, die wie eine horizontale Röhre geformt ist und

Abb. 4.2: Eine Volutus-Wolke in Verbindung mit Altocumulus.

Abb. 4.3: Ein Wolkenloch über Hong Kong mit der Spur eines Flugzeugs darunter.

Abb. 4.4: Cumulus Flammagenitus bei Vancouver.

Abb. 4.5: Langlebige Kondensstreifen über Südengland. Derartige Wolken werden im neuen Wolkenatlas als Cirrus homogenitus bezeichnet.

vorwärts zu rollen scheint. Unter Flumen versteht man eine biberschwanzähnliche Wolke, die sich an riesige Gewitterwolken anhängt.

Im Wolkenatlas als eigener Typ charakterisiert sind nun auch Wolkenlöcher, bisher auch als Hole-Punch Cloud bekannt (Abb. 4.3). Bei diesem Phänomen treten rundliche Freiräume mitten in einer Wolkendecke auf. Sie entstehen durch Eiskristalle, die ihrer Umgebung Feuchtigkeit entziehen. Im Wolkenatlas bilden sie nun die Kategorie Cavum.

Neu hinzugekommen sind auch fünf Spezialwolken: Wolken, die durch spezielle lokale Bedingungen zustandekommen. Zu ihnen gehört die Flammagenitus – eine durch Waldbrände entstandene Wolke (Abb. 4.4), die Cataractagenitus – eine über Wasserfällen gebildete Wolke und die Homogenitus – eine Wolke, die durch menschliche Aktivitäten entstanden ist, beispielsweise durch Wasserdampf aus Schornsteinen oder Kondensstreifen hinter Fugzeugen (Abb. 4.5). Aufgelistet sind auch Phänomene wie Halos, Hagel oder Regenbögen.

Auch in Zukunft werden wohl noch neue Wokentypen in den Wolkenatlas aufgenommen. Rund um den Globus gibt es immer mehr Wolkenbilder. Die Wolkenenthusiasten tauschen sich weltweit aus und sind ständig auf der Suche nach neuen Entdeckungen an den Wolken.

Das Foto entstand am Abend des 11. Mai 2018 im polnischen Thorn, an der Weichsel 180 km nordwestlich von Warschau gelegen. Nach einem sonnig-warmen Tag mit Höchstwerten um 27 °C folgte eine eindrucksvolle Abendstimmung. Die Dämmerungsstrahlen entstanden an den Wolkentürmen von Gewittern über Westpolen. Dort lag eine Kaltfront, in derem Bereich es mit 14 bis 17 °C deutlich kühler blieb. Diese Kaltfront hatte einen Tag zuvor Deutschland überquert, mit zum Teil kräftigen Gewittern und lokal begrenzten Regenmengen zwischen 50 und über 70 mm. Die Gewitter zogen aber nicht mehr bis nach Thorn, denn ein blockierendes Hoch über Finnland sorgte dafür, dass die Front wieder rückläufig wurde und am 13. Mai 2018 von Osten her erneut über Deutschland zog, diesmal als Warmfront.

Wetter und Natur

Regenballisten

Pflanzen haben unterschiedliche Methoden entwickelt, um ihre Samen zu verteilen. Als Ombrochorie bezeichnet man die Ausbreitung von Pflanzensamen mittels Regentropfen. Die Ombrochorie beobachtet man nicht nur bei Sumpfpflanzen, sondern auch bei Pflanzen, die an trockenen Standorten wachsen bis hin zu manchen Wüstenpflanzen. Die Ombrochorie wird unterteilt in sogenannte Regenschwemmlinge und Regenballisten. Letztere machen sich die Kraft, die beim Aufprall der Regentropfen entsteht, zu Nutze, um einen Schleudermechanismus auszulösen (griech. „ballein": werfen). Zu den Regenballisten gehören Basilikum und Salbei. Ein weiteres Beispiel ist die Braunelle. Im trockenen Zustand sind ihre Samenkelche nach oben gerichtet und geschlossen. Im nassen Zustand sind sie dagegen nach außen gespreizt und geöffnet. Durch auftreffende Regentropfen werden die Hüllen weggedrückt und die Samen gelangen in die Umgebung. Beim Milzkraut liegen die reifen Samenkörner in Schälchen und werden durch Regentropfen herausgeschleudert.

Samenverbreitung beim Ackerhellerkraut: Sobald ein Regentropfen auf die reifen Schoten trifft, zerspringen diese.

Die Früchte von Regenschwemmlingen öffnen sich nur, wenn sie durch Feuchtigkeit aufquellen. Anschließend werden die Samen vom Regen aus den Fruchtbehältern geschwemmt. Beispiele für Regenschwemmlinge sind die Sumpfdotterblume und der Winterling. Auch der Mauerpfeffer, der an trockenen Standorten wächst, breitet seinen Samen über diesen Mechanismus aus.

Mai in Ojo de Perdíz

Das Hotel del Desierto Ojo de Perdíz (21° 51' S, 68° 2' W) liegt sehr abgelegen im Südwesten von Bolivien nahe der Grenze zu Chile. Es befindet sich in der Siloli-Wüste in einer Höhe von 4525 m und zählt damit zu den am höchsten gelegenen Hotels der Welt. Für Gäste, die mit der dünnen Höhenluft Probleme haben, steht im Empfangsraum eine Sauerstoff-Flasche zur Verfügung. Strom und mit Sonnenenergie aufgeheiztes Wasser sind in den Abendstunden vorhanden. In klaren Nächten gibt es einen eindrucksvollen Sternenhimmel zu sehen. Dabei herrscht aber häufig Frost. Von Mai bis August, in der kältesten Zeit des Jahres, können die Temperaturen sogar bis unter -15 °C sinken. Tagsüber werden im Mai meist 10 bis 15 °C erreicht. Von November bis Februar liegen die Höchstwerte zwischen 15 und 20 °C und gelegentlich auch um 30 °C. Regen und Schnee fallen häufig nur in geringen Mengen. Dennoch lagen am 11. Juli 2011 über 20 cm Schnee.

Wetterwissen

Multivortex-Tornados

Von einem Tornado spricht man, wenn der von einer Konvektionswolke ausgehende Luftwirbel sich durchgehend bis zum Boden erstreckt. Im Anfangsstadium kann ein Tornado auch unsichtbar bleiben und nur anhand der Windwirkungen nachweisbar sein. Erst wenn im Inneren des Wirbels durch den Druckabfall Wasserdampf kondensiert oder Staub, Trümmer, Wasser und dergleichen aufgewirbelt werden, formiert sich der charakteristische „Rüssel". Seine Gestalt ist sehr vielfältig und reicht von dünnen schlauchartigen Formen bis zu einem breiten, sich nach oben erweiternden Trichter. Dabei kann der Durchmesser von einigen Metern bis über einen Kilometer betragen. Der Tornado mit dem größten jemals gemessenen Durchmesser von 4,2 km erfasste am 31. Mai 2013 El Reno und Oklahoma City im US-Bundesstaat Oklahoma. Mit einem mobilen Doppler-Radar wurde ein Windmaximum von rund 475 km/h gemessen. Es handelte sich um einen sogenannten Multivortex-Tornado mit mehreren kleinen Wirbeln, die um ein gemeinsames Zentrum kreisen. Meist sind es zwei bis fünf solcher Wirbel, die oft nur eine Lebensdauer von einer Minute haben. Diese kurzlebigen Wirbel können zu einem chaotischen Schadensbild führen. Auch in Deutschland kommen Multivortex-Tornados vor, wie beispielsweise am 5. Mai 2015 in Bützow in Mecklenburg-Vorpommern.

Dieser Mulitvortex-Tornado bildete sich am 9. Mai 2016 in der Nähe von Hickory im US-Bundesstaat Oklahoma. Vorübergehend waren die kleineren Subwirbel klar zu erkennen. Oft sind sie von einer großen Trichterwolke verdeckt.

Typische Wetterlagen im Mai

Südost, Süd, Südwest: Frühsommerlich warme Tage bei 22 bis 30 °C. Im Westen und Norden teilweise bewölkt mit etwas Regen, nach Osten und Süden hin Wechsel zwischen Sonne und lockeren Wolkenfeldern. Vor allem im Bergland und von Südwesten her örtliche Gewitterschauer.

West, Tiefdrucklage über Mitteleuropa: Wechselhaftes Wetter. Durchzug von Fronten mit Regen (manchmal auch Gewittern), dazwischen sonnige Phasen. Wechsel zwischen warmer Meeresluft mit Temperaturen von 16 bis 22 °C und kalter Meeresluft mit 13 bis 18 °C, in Hochlagen über 2000 m Neuschnee.

Nordwest, Nord: Wechselhaftes Wetter. Besonders nach Osten hin und am Nordalpenrand immer wieder Regen, Schnee manchmal bis unter 1500 m herab. Kühl bei Temperaturen von 8 bis 13 °C (Monatsanfang) bzw. 11 bis 16 °C (Monatsende). In klaren Nächten in der ersten Monatshälfte leichter Frost bis -2 °C möglich.

Nordost, Ost, Hochdrucklage über Mitteleuropa: Viel Sonne bei Schönwetterwolken ab Spätvormittag. Bei mehrtägigem sonnigen Wetter von Tag zu Tag etwas wärmer: zunächst 15 bis 20 °C, später 20 bis 25 °C. In den Nächten kühl bei 3 bis 10 °C.

Am 18. Mai 2012 war es in Schleswig sonnig bei Höchstwerten um 18 °C. Nachmittags wurde das Zwischenhoch schwächer und im Vorfeld einer Warmfront bildeten sich wellenförmige Wolken.

1 Mi
Tag der Arbeit
Düsseldorf (Min./Max. 1988-2017): im Mittel 7,3°C / 18,1°C
Extremwerte: -0,6°C (1989) / 28,9°C (2005)
Sonne: 5:57 – 20:38
Mond: A 5:06 – U 16:42
Tag °C
Nacht °C

2 Do
Erfurt (Min./Max. 1988-2017): im Mittel 6,0°C / 16,3°C
Extremwerte: -1,9°C (2011) / 30,0°C (2003)
Sonne: 5:55 – 20:39
Mond: A 5:26 – U 17:48
Tag °C
Nacht °C

3 Fr
Frankfurt/M. (Min./Max. 1988-2017): im Mittel 7,8°C / 18,9°C
Extremwerte: -1,1°C (2016) / 29,6°C (2003)
Sonne: 5:53 – 20:41
Mond: A 5:46 – U 18:56
Tag °C
Nacht °C

4 Sa
Stuttgart (Min./Max. 1988-2017): im Mittel 7,0°C / 17,4°C
Extremwerte: -1,9°C (1991) / 29,1°C (2005)
Sonne: 5:51 – 20:42
Mond: A 6:07 – U 20:06
Tag °C
Nacht °C

5 So
Augsburg (Min./Max. 1988-2017): im Mittel 5,8°C / 17,0°C
Extremwerte: -3,9°C (2011) / 29,6°C (2003)
Sonne: 5:50 – 20:44
Mond: A 6:31 – U 21:18
Tag °C
Nacht °C

Wasser aus der Luft

Im Jahr 2019 soll die Serienproduktion der „Warka-Türme" beginnen. Für ihre tragende Dreiecksstruktur wird Bambus verwendet. Im Innern der Türme hängt ein Kunststoffnetz, in dem sich Tau und Nebel tropfenförmig absetzen. Dieses Wasser wird dann in einem bis zu 3000 Liter großen Tank gespeichert. Ein Warka-Turm, der Name leitet sich vom äthiopischen Wort für einen Feigenbaum ab, sammelt 40 bis 80 Liter Trinkwasser pro Tag. Bisher wurden zwölf Prototypen in unterschiedlichen Formen erstellt und in Äthiopien getestet. Das Hochland mit seiner hohen Luftfeuchte und den großen Temperaturunterschieden zwischen Tag und Nacht eignet sich gut für diese Art der Wassergewinnung. Als weitere Einsatzorte der Warka-Türme sind Indien, Kolumbien und Haiti geplant.

Temperaturkontrast

Am 8. und 9. Mai 2018 schien an der Ostsee die Sonne vom wolkenlosen Himmel. Dabei herrschten große Temperaturunterschiede. Im kalten Seewind lagen die Temperaturen in Küstennähe nur zwischen 14 und 17 °C. Einige Kilometer landeinwärts wurde es dagegen sommerlich warm mit Höchstwerten bis über 25 °C.

„Solange at de Wind van Oosten kümp, bruuks üm Räägen nich te bääden."

Nach dieser Wetterregel in westmünsterländischer Mundart ist es sinnlos bei Ostwind um Regen zu beten. Dies gilt aber nur bei einer Wetterlage mit einer großräumigen Oströmung am Rande eines Skandinavienhochs. Dann ist die Luft in Nordwestdeutschland häufig trocken und es kommt höchstens im Sommerhalbjahr zu vereinzelten Schauern. Wenn der Ostwind dagegen im Bereich eines kleinen Zwischenhochs weht, dauert es meist nur wenige Stunden bis zum nächsten Regen. Auf diese Weise verlief der 11. Mai 2017: Tagsüber schien die Sonne bei 23 °C und böigem Ostwind, abends und nachts folgte Regen.

6 Mo
Hamburg (Min./Max. 1988-2017): im Mittel 7,1°C / 17,6°C
Extremwerte: -1,0°C (2017) / 28,2°C (1998)
Sonne: 5:48 – 20:45
Mond: A 6:59 – U 22:30
Tag °C
Nacht °C

7 Di
Berlin (Min./Max. 1988-2017): im Mittel 8,8°C / 19,0°C
Extremwerte: 0,9°C (2017) / 29,3°C (1998)
Sonne: 5:46 – 20:47
Mond: A 7:34 – U 23:40
Tag °C
Nacht °C

8 Mi
Düsseldorf (Min./Max. 1988-2017): im Mittel 8,7°C / 19,1°C
Extremwerte: -0,5°C (2017) / 31,7°C (1998)
Sonne: 5:45 – 20:48
Mond: A 8:17 – U - -
Tag °C
Nacht °C

9 Do
Erfurt (Min./Max. 1988-2017): im Mittel 7,1°C / 17,4°C
Extremwerte: 0,0°C (2005) / 27,4°C (2012)
Sonne: 5:43 – 20:50
Mond: U 0:44 – A 9:10
Tag °C
Nacht °C

10 Fr
Frankfurt/M. (Min./Max. 1988-2017): im Mittel 9,1°C / 20,1°C
Extremwerte: 0,9°C (2005) / 30,2°C (2012)
Sonne: 5:42 – 20:51
Mond: U 1:40 – A 10:14
Tag °C
Nacht °C

11 Sa
Stuttgart (Min./Max. 1988-2017): im Mittel 8,0°C / 18,8°C
Extremwerte: -0,7°C (1991) / 30,6°C (2012)
Sonne: 5:40 – 20:53
Mond: U 2:27 – A 11:26
Tag °C
Nacht °C

12 So
Pankratius (Eisheiliger)
Augsburg (Min./Max. 1988-2017): im Mittel 6,7°C / 18,6°C
Extremwerte: -1,2°C (1991) / 30,0°C (2012)
Sonne: 5:39 – 20:54
Mond: U 3:05 – A 12:43
Tag °C
Nacht °C

13 Mo Hamburg (Min./Max. 1988-2017): im Mittel 7,5°C / 17,6°C
Extremwerte: 1,1°C (2005) / 29,9°C (2000)
Sonne: 5:37 – 20:56
Mond: U 3:36 – A 14:01
Servatius (Eisheiliger)
Tag °C
Nacht °C

14 Di Berlin (Min./Max. 1988-2017): im Mittel 9,1°C / 19,4°C
Extremwerte: 1,9°C (2005) / 31,6°C (2000)
Sonne: 5:36 – 20:57
Mond: U 4:03 – A 15:20
Bonifatius (Eisheiliger)
Tag °C
Nacht °C

15 Mi Düsseldorf (Min./Max. 1988-2017): im Mittel 8,6°C / 19,2°C
Extremwerte: -0,1°C (2012) / 31,3°C (1992)
Sonne: 5:34 – 20:59
Mond: U 4:27 – A 16:39
Kalte Sophie (Eisheilige), Tag des Klimas
Tag °C
Nacht °C

16 Do Erfurt (Min./Max. 1988-2017): im Mittel 7,2°C / 17,7°C
Extremwerte: -1,0°C (1995) / 27,5°C (1997)
Sonne: 5:33 – 21:00
Mond: U 4:51 – A 17:57
Tag °C
Nacht °C

17 Fr Frankfurt/M. (Min./Max. 1988-2017): im Mittel 9,0°C / 20,1°C
Extremwerte: 0,3°C (2012) / 30,2°C (1998)
Sonne: 5:32 – 21:01
Mond: U 5:15 – A 19:15
Tag °C
Nacht °C

18 Sa Stuttgart (Min./Max. 1988-2017): im Mittel 8,3°C / 18,7°C
Extremwerte: 0,0°C (1995) / 28,2°C (1998)
Sonne: 5:30 – 21:03
Mond: U 5:41 – A 20:31
○
Tag °C
Nacht °C

19 So Augsburg (Min./Max. 1988-2017): im Mittel 7,3°C / 18,6°C
Extremwerte: -1,5°C (2003) / 29,3°C (1997)
Sonne: 5:29 – 21:04
Mond: U 6:10 – A 21:44
Tag °C
Nacht °C

Regenruf-Dialekte

Der schmetternde, immer schneller werdende Gesang der Buchfinken ist von März bis in den Juni hinein zu hören. Der „Standard-Gesang" mit dem typischen Triller am Ende wird manchmal mehrere Hundert Mal pro Stunde vorgetragen. Daneben haben Buchfinken aber auch noch andere Laute auf Lager. Dazu gehört zum Beispiel der sogenannte Regenruf, ein eintöniger Laut, der wie „trüb" klingt. Durch ihn ist mancherorts das Gerücht entstanden, der Vogel könne das Wetter vorhersagen. Sowohl der Gesang als auch die anderen Laute unterscheiden sich je nach Region. Allein in Osnabrück haben Ornithologen fünf verschiedene Versionen des Regenrufs entdeckt. An den Grenzen dieser Dialekte riefen manche Buchfinken auch „zweisprachig".

Ein Buchfink-Männchen.

Regenzeit in Washington

Der Frühling 2016 verlief im Osten der USA sehr wechselhaft mit einigen ausgeprägten Kältewellen. In der US-Hauptstadt Washington hielt sich der regnerische Witterungscharakter ungewöhnlich lange, auch wenn dabei keine extremen Regenmengen fielen. Vom 27. April bis 23. Mai 2016 regnete es an 23 von 27 Tagen, davon an 15 Tagen in Folge bis zum 11. Mai 2016. Zuvor dauerten solche Regenperioden nie mehr als zehn Tage (12. bis 21. August 1873, 17. bis 26. Juli 1938 und 22. bis 30. Dezember 2015).

Wetter und Garten

Viele Obst- und Gemüsearten gedeihen an einem warmen, sonnigen Standort am besten. Im Zweifelsfall ist aber ein Platz mit etwas Luftbewegung meist besser geeignet als eine besonders geschützte Lage. Durch den Wind wird nämlich die Ansiedlung von fliegenden Schadinsekten wie den verschiedenen Gemüsefliegen oder den geflügelten Individuen der Blattläuse erschwert. Außerdem trocknen nach einem Regenschauer feuchte Pflanzenteile schneller ab, wodurch Pilzkrankheiten vorgebeugt wird.

20 Mo
Hamburg (Min./Max. 1988-2017): im Mittel 8,6°C / 18,8°C
Extremwerte: 0,0°C (1995) / 29,7°C (2014)
Sonne: 5:28 – 21:05
Mond: U 6:45 – A 22:52
Tag °C
Nacht °C

21 Di
Berlin (Min./Max. 1988-2017): im Mittel 10,3°C / 20,6°C
Extremwerte: 2,5°C (1997) / 30,9°C (2007)
Sonne: 5:27 – 21:07
Mond: U 7:27 – A 23:52
Tag °C
Nacht °C

22 Mi
Düsseldorf (Min./Max. 1988-2017): im Mittel 9,5°C / 20,6°C
Extremwerte: 0,6°C (2013) / 30,1°C (2005)
Sonne: 5:25 – 21:08
Mond: U 8:15 – A - -
Tag °C
Nacht °C

23 Do
Erfurt (Min./Max. 1988-2017): im Mittel 8,4°C / 18,9°C
Extremwerte: -0,2°C (1995) / 29,1°C (2007)
Sonne: 5:24 – 21:09
Mond: A 0:43 – U 9:10
Tag °C
Nacht °C

24 Fr
Frankfurt/M. (Min./Max. 1988-2017): im Mittel 10,1°C / 21,4°C
Extremwerte: 0,8°C (1995) / 31,3°C (2007)
Sonne: 5:23 – 21:11
Mond: A 1:24 – U 10:10
Tag °C
Nacht °C

25 Sa
Stuttgart (Min./Max. 1988-2017): im Mittel 8,9°C / 20,2°C
Extremwerte: 0,6°C (2004) / 30,3°C (2009)
Sonne: 5:22 – 21:12
Mond: A 1:58 – U 11:13
Tag °C
Nacht °C

26 So
Augsburg (Min./Max. 1988-2017): im Mittel 7,9°C / 19,8°C
Extremwerte: -1,3°C (2004) / 30,2°C (2009)
Sonne: 5:21 – 21:13
Mond: A 2:26 – U 12:17
Tag °C
Nacht °C

27 Mo Hamburg (Min./Max. 1988-2017): im Mittel 9,2°C / 19,6°C
Extremwerte: 2,3°C (1990) / 33,5°C (2005)
Sonne: 5:20 – 21:14
Mond: A 2:50 – U 13:21

Tag °C

Nacht °C

28 Di Berlin (Min./Max. 1988-2017): im Mittel 10,9°C / 21,3°C
Extremwerte: 2,4°C (1997) / 32,6°C (2005)
Sonne: 5:19 – 21:15
Mond: A 3:11 – U 14:26

Tag °C

Nacht °C

29 Mi Düsseldorf (Min./Max. 1988-2017): im Mittel 10,3°C / 21,0°C
Extremwerte: 2,2°C (1994) / 33,8°C (2017)
Sonne: 5:18 – 21:16
Mond: A 3:31 – U 15:32

Tag °C

Nacht °C

30 Do Erfurt (Min./Max. 1988-2017): im Mittel 8,8°C / 19,2°C
Extremwerte: 1,2°C (2004) / 31,4°C (2005)
Sonne: 5:17 – 21:18
Mond: A 3:50 – U 16:39
Christi Himmelfahrt

Tag °C

Nacht °C

31 Fr Frankfurt/M. (Min./Max. 1988-2017): im Mittel 10,7°C / 22,0°C
Extremwerte: 1,6°C (1990) / 33,2°C (2017)
Sonne: 5:17 – 21:19
Mond: A 4:11 – U 17:48

Tag °C

Nacht °C

Spinnennebel

Die automatischen Anzeigen der Verkehrsleitsysteme sorgen immer wieder mal für Verwirrung. An sonnigen Maitagen oder auch in lauen Sommernächten wird plötzlich vor Nebel gewarnt. Dazu gilt dann eine Geschwindigkeitsbegrenzung von 40 oder 60 km/h. Der falsche Nebelalarm entsteht, wenn Spinnen über die Sichtweitenmessgeräte krabbeln und ihre Netze weben. Als Gegenmaßnahme wird versucht, die Spinnen mit speziellen Duftstoffen zu vertreiben. Auch andere Insekten sowie Hasen und Rehe können den Sensoren eingeschränkte Sicht vorgaukeln. Da Nebel wegen der Gefahr von Massenkarambolagen ein großes Problem ist, sind die Anlagen sehr empfindlich eingestellt. Bis der Fehlalarm erkannt und manuell korrigiert wird, kann es bis zu 20 Minuten dauern.

Monatsthema

Höhlenklima

Lange Zeit ging man davon aus, dass in tiefen Höhlen konstante Klimabedingungen vorherrschen. Inzwischen weiß man, dass auch in diesen Höhlen meteorologische Prozesse wie Temperatur- und Luftdruckschwankungen stattfinden können. Besonders deutlich wird dies bei Eishöhlen, die auch als Klimaarchiv von Interesse sind. Dennoch gibt es auch Höhlen, in denen durch völlige Isolation ein konstantes Klima entstand. Dies kann unter Umständen zu bizarren Entwicklungen im Innenraum der Höhle führen, wie man am Beispiel der Mine von Naica sehen kann.

Abb. 5.1: Ein Eiswasserfall in der Schellenberger Eishöhle.

Eishöhlen

Bei Eishöhlen handelt es sich um Höhlen, in denen sich trotz sommerlicher Außentemperaturen ganzjährig Eis befindet. Oft liegen sie in Gebirgsregionen, kommen aber auch in tieferen Lagen vor. Interessanterweise gibt es selbst auf dem Mauna Loa (Hawaii) vereiste Lavahöhlen. Eishöhlen gehören zu den sogenannten **konvektiven Höhlen**, das heißt, Luftströmungen innerhalb der Höhle entstehen durch die Differenz zwischen der Außentemperatur und der Temperatur der Höhlenluft. Je nachdem ob die Höhle eine oder mehrere Öffnungen besitzt, erfolgt die Eisbildung auf unterschiedliche Weise. So entsteht bei einem Eingang, der sich an der Oberseite der Höhle befindet, eine **Kaltluftfalle**, bei der im Winter schwerere kalte Luft einströmt und die im Inneren vorhandene wärmere Luft verdrängt. Im Sommer findet kein Luftaustausch statt, da die schwere Kaltluft in der Höhle verbleibt. Lediglich über die Gesteinswände, Regen- oder Schmelzwasser kann es zu moderaten Temperaturerhöhungen kommen; so bleibt das Eis auch über den Sommer bestehen.
Bekannte Beispiele für diesen Eishöhlentyp sind die Schellenberger Eishöhle (Abb. 5.1) in den Berchtesgadener Alpen und die Dobschauer Höhle, die sich im Slowakischen Paradies, einem Gebirgszug in der Zentralslowakei, befindet. Letztere beinhaltet mit rund 110.000 Kubikmetern das größte Eisvolumen aller bisher erforschten Eishöhlen.

Abb. 5.2: Der Höhleneingang der Eisriesenwelt liegt in einer Höhe von 1644 m, im Hintergrund der Alpenhauptkamm (Hohe Tauern).

Die Höhle wurde übrigens bis 1946 ganzjährig von der Öffentlichkeit zum Eislaufen genutzt, und bis in die 1950er Jahre trainierten auch Leistungssportler wie der tschechoslowakische Eiskunstläufer Karol Divín auf dem Höhleneis.

Besitzt eine Höhle mindestens zwei Öffnungen, sorgt der sogenannte **Kamineffekt** für die klimatischen Verhältnisse, die zur dauerhaften Eisbildung benötigt werden. Da im Winter die Außenluft kälter als die Innentemperatur der Höhle ist, steigt die wärmere Höhlenluft auf und entweicht durch die höher gelegene Öffnung. Durch den tiefer gelegenen Eingang strömt dann kalte Luft in die Höhle hinein und es kommt bei Minustemperaturen zur Eisbildung. Im Sommer sind die Temperaturverhältnisse umgekehrt: jetzt strömt die kältere Höhlenluft unten aus, wärmere Außenluft dringt in die obere Öffnung ein und kühlt sich in der Höhle soweit ab, dass das Eis nur wenig schmelzen kann. Auch die mit einer Gesamtlänge von 42 Kilometern größte Eishöhle der Welt, die im österreichischen Tennengebirge gelegene Eisriesenwelt (Abb. 5.2), gehört diesem Eishöhlentyp an.

Eishöhlen als Klimaarchiv

Eishöhlen spielen auch eine Rolle in der Klimaforschung, da die Eisschichten häufig ein erhebliches Alter aufweisen (Abb. 5.3). So konnte man in der bereits erwähnten Schellenberger Eishöhle aufgrund eines eingelagerten Laubblattes sowie von eingeschlossenen Pollen ein Alter von über 1000 Jahren abschätzen. Einschlüsse im Eis dienen jedoch nicht nur der Altersbestimmung, sie geben auch wertvolle Informationen über die klimatischen Bedingungen jener Zeit. In der Schellenberger Höhle gibt es außerdem bereits seit dem Jahr 1876 (wenn auch anfangs noch sehr lückenhaft) direkte Temperatur- und Eismessungen, daher konnte man schon über einen längeren Zeitraum sowohl den Einfluss von klimatischen Veränderungen als auch von Extremwetter-Ereignissen verfolgen. Aufgrund der weitgehenden Abgeschlossenheit des Höhleninneren von der Außenwelt setzen die Veränderungen jedoch verzögert ein. So nahm die Eismenge Ende des 19. Jahrhunderts noch zu, vermutlich eine Folge der „Kleinen Eiszeit", die etwa vom 14. bis zum 19. Jahrhundert dauerte.

„Windige" Höhlen

Neben den konvektiven Höhlen gibt es auch noch sogenannte **barometrische Höhlen**. Hier resultiert die Luftströmung aus dem Druckunterschied zwischen der Außen- und der Höhlenluft. Voraussetzung für diese Art von Luftzirkulation ist ein großes Höhlensystem mit kleinen Öffnungen, so dass der Druckausgleich nur langsam erfolgt. Sinkt aufgrund eines Wetterwechsels, wie beispielsweise dem Herannahen einer Kaltfront, der Druck der Außenluft, strömt Luft aus der Höhle heraus. Umgekehrt fließt bei einem Druckanstieg Luft in die Höhle hinein. Besonders an Engstellen und an den Eingängen

Abb. 5.3: Eis mit Jahresschichten in der Schellenberger Höhle.

Abb. 5.4: Der natürliche Eingang zur Jewel Cave liegt im Hell Canyon.

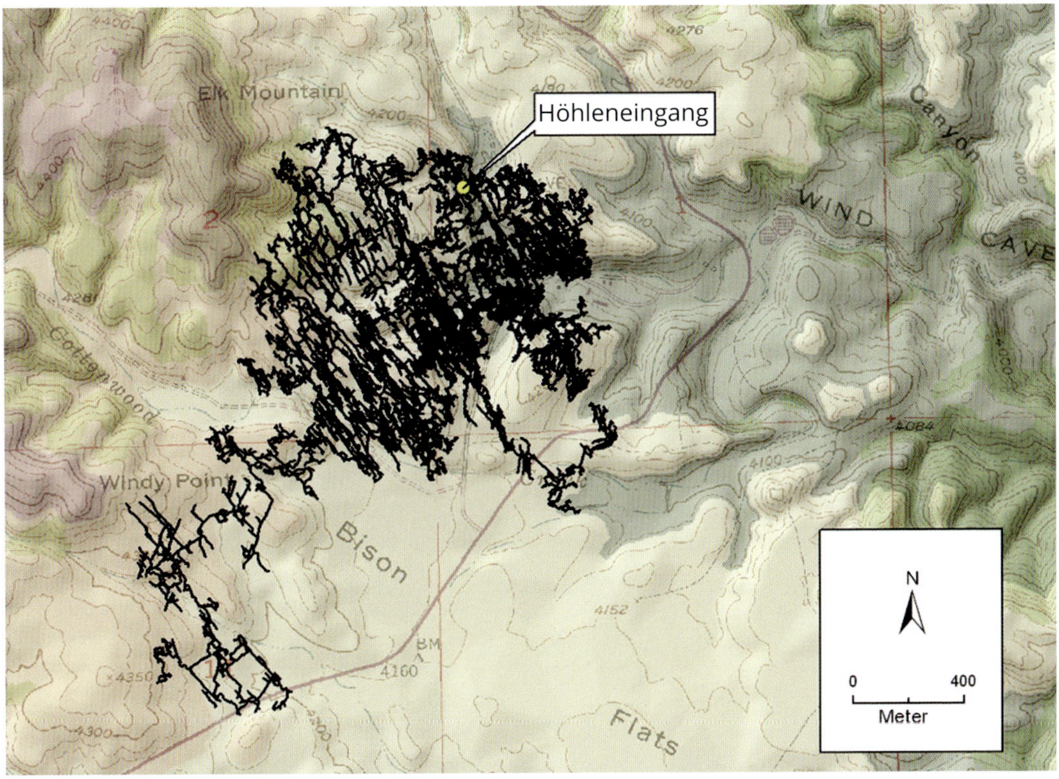

Abb. 5.5: Lageplan der Wind Cave. Eingetragen sind die derzeit bekannten Höhlengänge mit einer Gesamtlänge von 163 Kilometern. Die Höhenlinienzahlen in der topografischen Karte sind in Fuß angegeben (4100 ft entsprechen 1250 m).

kann es dann kurzzeitig recht windig werden. Typische Vertreter von barometrischen Höhlen sind die Jewel Cave (Abb. 5.4) und die Wind Cave (Abb. 5.5), beide im US-Bundesstaat South Dakota gelegen und in den vergangenen Jahren Gegenstand intensiver Forschung. Dabei werden jedes Jahr neue Höhlengänge mit einer Länge von mehreren Kilometern neu entdeckt. Bei beiden Höhlen geht man aber davon aus, dass erst ein Bruchteil kartografiert ist. An der Jewel Cave wurde gemessen, welche Luftmenge bei Druckänderungen in der Außenluft ein- bzw. ausströmt. Daraus lässt sich schließen, dass die derzeit bekannte Länge der Jewel Cave von über 300 Kilometern nur drei bis fünf Prozent des Gesamtvolumens der Höhlenluft ausmacht.

Die Mine von Naica

Viele Höhlen sind also mit der Außenwelt verbunden und besitzen deshalb eine mehr oder weniger ausgeprägte Luftzirkulation, die das Höhlenklima beeinflusst. Es gibt aber auch Höhlen, die durch völlige Isolation ein konstantes und bisweilen extremes Klima ausbilden. Zu ihnen gehört die sogenannte „Höhle der Kristalle“, die im Jahr 2000 bei Abbauarbeiten in der Mine von Naica, einem

Abb. 5.6: Die Cueva de los Cristales („Höhle der Kristalle"), man beachte die Person unten rechts für den Größenvergleich.

Erzbergwerk im mexikanischen Bundesstaat Chihuahua, entdeckt wurde. In dieser Höhle befinden sich riesige Gipskristalle (Abb. 5.6), die größten erreichen eine Länge von bis zu 14 Metern, ihr Durchmesser kann ein bis zwei Meter betragen. Ermöglicht wurde solch ein Wachstum durch Temperaturen um die 55 °C und die richtigen Mengenverhältnisse von Schwefel, Sauerstoff und Kalzium. Die hohen Temperaturen in der Höhle kamen dadurch zustande, dass sich unterhalb der Mine eine Magmakammer befindet, während die Erdschicht über der Höhle wärmeisolierend wirkt. Die Kristalle faszinieren aber nicht nur durch ihre Größe, sie beherbergen in mit Flüssigkeit gefüllten Einschlüssen auch Mikroben, die dort vermutlich schon seit über 10.000 Jahren existieren und sich durch die sogenannte Chemosynthese (Energiegewinnung durch anorganische Stoffe) „ernähren". Heute liegt die Höhle aufgrund der Bergbauarbeiten trocken und es herrschen Temperaturen zwischen 45 und 50 °C sowie eine relative Luftfeuchte zwischen 90 und 100 Prozent. Diese Bedingungen führen mit der Zeit dazu, dass die Kristalle zusammenbrechen werden, da die stützende Wirkung des Wassers nicht mehr vorhanden ist. Es wird dann nur noch Bilder von dieser Wunderwelt geben.

Im Golf von Mexiko bringen die Sommermonate die niedrigsten Windgeschwindigkeiten des Jahres. Die See ist oft ruhig und glatt wie im Bild oben. Diese Verhältnisse können von Hurrikanen unterbrochen werden, die aber im Juni und Juli nur selten vorkommen. Die Fronten von außertropischen Tiefs erreichen, wenn überhaupt, nur die nördlichen Regionen des Golfs. Sonst ist das stabile subtropische Hoch zwischen den Bermudas und den Azoren wetterbestimmend. Im Laufe des Herbsts und in den Wintermonaten ziehen dagegen häufiger Kaltfronten über die USA weit nach Süden bis in den Golf von Mexiko. So kommt es mehrmals im Monat zu einer starken Windzunahme. Der Wind dreht dann von südlichen auf nördliche Richtungen und die See wird sehr unruhig mit Wellenhöhen von über 2,5 m.

Wetter und Natur

Blitzschäden an Bäumen

Blitzeinschläge können oft zu erheblichen Schäden an Bäumen führen, manchmal wird der Baum sogar vollständig zerstört. Wie stark ein Baum betroffen ist, hängt sowohl von äußeren Einflüssen wie der Feuchtigkeit des Stammes als auch von der Baumart ab. Bei einem durchgehend nassen Stamm verläuft der Blitzweg außen an der Rinde hinunter in den Boden. Dabei entsteht die sogenannte Blitzrinne, ein gerader Riss, der sich den ganzen Stamm entlang zieht. In Extremfällen kann dieser Riss in das Holz eindringen und den Baum spalten. Ist der Stamm hingegen nur teilweise nass, kommt der Blitz nicht bis zum Boden, sondern dringt in den Holzkörper ein. Aufgrund der großen Hitze, die beim Einschlag entsteht, verdampft das Wasser im Inneren des Baumes, dehnt sich dabei aus und sprengt den Baum. Bei trockenem Holz besteht außerdem die Gefahr eines Brandes. Eichen sind für größere Schäden anfälliger, da ihre raue Rinde eher dazu führt, dass der Stamm nicht vollständig nass ist. Buchen wiederum besitzen eine glatte Rinde, so dass sich Wasser am ganzen Stamm ausbreiten und den Blitz in den Boden leiten kann. Das bedeutet aber nicht, dass Buchen ein sicherer Zufluchtsort bei Gewittern sind, so wie es das bekannte Sprichwort „Buchen sollst du suchen, Eichen sollst du weichen" suggeriert.

Wenn sich ein Baum durch einen Blitzschlag entzündet, brennt er häufig von innen heraus.

Juni in Wittenberg

Wittenberg (51° 52' N, 12° 39' O) befindet sich an der Elbe im Osten von Sachsen-Anhalt. Die mittleren Höchstwerte erreichen im Juni 23 °C, die Tiefstwerte 12 °C. In den letzten Jahrzehnten erhöhte sich die Anzahl der Sommertage (Maximum mindestens 25 °C) und heißen Tage (Maximum mindestens 30 °C) deutlich. Wittenberg liegt bei Westwetterlagen im Regenschatten des Harzes, so dass die jährliche Niederschlagsmenge im Schnitt unter 600 mm bleibt, im Saaletal zwischen Magdeburg und Halle örtlich sogar unter 500 mm. Im Sommer 2018 waren Hitze und Dürre in Sachsen-Anhalt besonders ausgeprägt. Vom 27. April bis 20. Juni 2018 fielen in Wittenberg nur 0,9 mm Regen. Von Mai bis August waren es in der Summe 42,5 mm und damit weniger als sonst in einem durchschnittlichen Sommermonat allein. Es kam zu einigen Wald- und Flächenbränden und massiven Trockenschäden in der Landwirtschaft.

Wetterwissen

Mei-Yu-Front in China

Von Mai bis August ist vom Osten Chinas bis nach Japan und Korea die Mei-Yu-Front aktiv (chin.: „Pflaumenregen"). Es handelt sich dabei um eine langlebige Front, die trocken-kühle Luft aus Norden von feucht-warmer Pazifikluft trennt. Die Mei-Yu-Front hat maßgeblichen Einfluss auf das Wetter und Klima in Südostasien, da in ihrem Bereich über Monate hinweg immer wieder kräftige Regenfälle vorkommen. Die Mei-Yu-Regenfälle starten von Mitte Mai bis Mitte Juni im Bereich Südostchina bis Taiwan. In der Folge wandert die Front sehr langsam nordwärts. In der zweiten Junihälfte und im Juli sind die Jangtse-Region und Südjapan betroffen, im Laufe des Juli und im August dann vor allem Nordchina und Korea. Sintflutartiger Regen mit Tagesmengen zwischen 50 und 100 mm ist im Bereich der Mei-Yu-Front keine Seltenheit. Immer wieder bilden sich auch ausgeprägte Gewitterzonen, die sich entlang der Front ostwärts verlagern. Im Gegensatz zu den meisten Unwetterlagen in Mitteleuropa, können sich diese extremen Ereignisse oft tage- bis wochenlang wiederholen. Fast jedes Jahr kommt es daher irgendwo im Bereich der Mei-Yu-Front zu massiven Überflutungen und Bergrutschen. In manchen Jahren ist die Front besonders stark ausgeprägt und die Regenmengen erreichen innerhalb von wenigen Tagen über 500 mm mit entsprechend großem Hochwasser entlang der Flüsse.

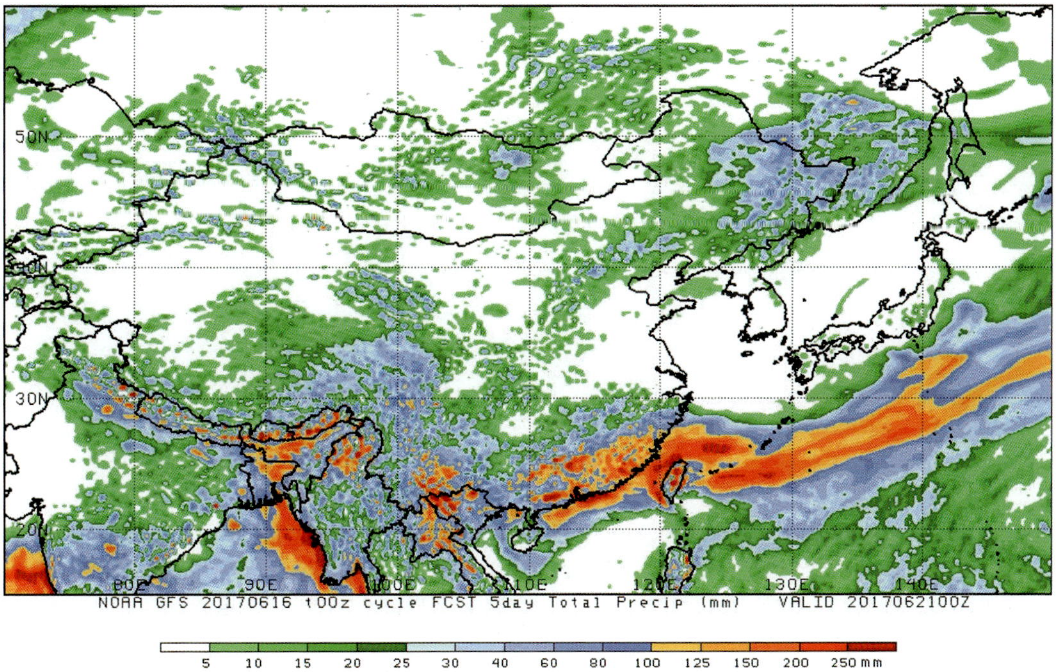

Vorhersage der Regensummen für den fünftägigen Zeitraum 16. bis 20. Juni 2017. Der indische Monsun und die Mei-Yu-Front in Südostchina führen zu hohen Regenmengen.

Typische Wetterlagen im Juni

Südost, Süd, Südwest: Sommerlich warm bei 26 bis 33 °C, zeitweise auch unangenehm schwül. Teils sonnig, teils wolkig, vor allem im Westen und im Bergland gewittrig. Bei Wetterumstellung auf kühleren Westwind Bildung von Gewitterfronten mit örtlichen Unwettern.

West, Tiefdrucklage über Mitteleuropa: Wechselhaftes Wetter. Durchzug von Fronten mit Regen (manchmal auch von Gewittern begleitet), dazwischen Wetterberuhigung mit sonnigen Phasen. Wechsel zwischen warmer Meeresluft mit Temperaturen von 19 bis 25 °C und kalter Meeresluft mit 14 bis 20 °C.

Nordwest, Nord: Wechselhaftes Wetter. Besonders nach Osten hin und am Nordalpenrand immer wieder Regen, Schnee manchmal bis unter 1800 m herab. Kühl bei Temperaturen von 11 bis 17 °C. Zumindest einmal kommt es fast in jedem Juni zu einem derartigen Kaltlufteinbruch, der dann meist als Schafskälte bezeichnet wird.

Nordost, Ost, Hochdrucklage über Mitteleuropa: Viel Sonne bei Quellwolken ab Spätvormittag. Bei mehrtägigem sonnigen Wetter von Tag zu Tag etwas wärmer: zunächst 18 bis 23 °C, später 24 bis 29 °C. Im Bergland am Spätnachmittag Wärmegewitter möglich.

Am 22. Juni 2018 blieben die Höchstwerte in Polarluft oft unter 20 °C. Im Hochgebirge herrschte leichter Dauerfrost wie hier auf dem Funtenseetauern (2578 m) in den Berchtesgadener Alpen. Der Blick geht über den Königssee Richtung Norden. Der Watzmann (links) war in Wolken gehüllt.

1 Sa Stuttgart (Min./Max. 1988-2017): im Mittel 9,7°C / 20,5°C
Extremwerte: 1,7°C (1991) / 31,5°C (2005)
Sonne: 5:16 – 21:20
Mond: A 4:33 – U 19:00

Klimatologischer Sommeranfang

Tag °C

Nacht °C

2 So Augsburg (Min./Max. 1988-2017): im Mittel 8,8°C / 20,3°C
Extremwerte: 0,5°C (2014) / 30,3°C (2017)
Sonne: 5:15 – 21:21
Mond: A 4:59 – U 20:13

Tag °C

Nacht °C

Der Begriff „Schauer"

Schauer (wie hier bei Denver) sind kleinräumige Niederschlagsereignisse mit maximal 45 Minuten Dauer und wechselnder Intensität. Da Schauer durch starke vertikale Luftbewegung entstehen, werden sie auch als konvektiver Niederschlag bezeichnet.

Wetter und Garten

Etwa Anfang Juni fallen bei Äpfel, Birnen und anderen Obstbäumen regelmäßig viele kleine Früchte von den Bäumen. Dies ist ein normaler Vorgang und wird als Junifall bezeichnet. Am Stielansatz der betroffenen Früchte bildet sich eine Korkschicht, weil die Früchte nicht ausreichend mit Nährstoffen versorgt werden. Der Hauptgrund für den Junifall liegt in einer fehlenden oder unzureichenden Befruchtung. Im Obstanbau ist der Junifall erwünscht, denn sonst würden die Bäume zu viele kleine Früchte bilden. Außerdem könnte es im Folgejahr zu einer starken Verminderung der Blüte und dementsprechend zu einer geringeren Erntemenge kommen. In Jahren mit geringem Junifall müssen die Früchte deshalb ausgedünnt werden.

Der Junifall tritt vor allem in Jahren mit kühler und feuchter Witterung zur Zeit der Blüte auf.

3 Mo
Hamburg (Min./Max. 1988-2017): im Mittel 10,3°C / 20,5°C
Extremwerte: 2,2°C (2009) / 33,3°C (1996)
Sonne: 5:15 – 21:22
Mond: A 5:31 – U 21:25
Tag °C
Nacht °C

4 Di
Berlin (Min./Max. 1988-2017): im Mittel 12,3°C / 22,4°C
Extremwerte: 5,0°C (2009) / 34,1°C (2014)
Sonne: 5:14 – 21:23
Mond: A 6:11 – U 22:34
Tag °C
Nacht °C

5 Mi
Düsseldorf (Min./Max. 1988-2017): im Mittel 11,2°C / 21,6°C
Extremwerte: 4,5°C (1995) / 33,1°C (2015)
Sonne: 5:13 – 21:24
Mond: A 7:02 – U 23:35
Tag °C
Nacht °C

6 Do
Erfurt (Min./Max. 1988-2017): im Mittel 10,2°C / 20,2°C
Extremwerte: 1,5°C (1991) / 32,0°C (2014)
Sonne: 5:13 – 21:24
Mond: A 8:03 – U --
Tag °C
Nacht °C

7 Fr
Frankfurt/M. (Min./Max. 1988-2017): im Mittel 12,0°C / 22,7°C
Extremwerte: 3,6°C (1989) / 35,2°C (2014)
Sonne: 5:12 – 21:25
Mond: U 0:26 – A 9:14
Tag °C
Nacht °C

8 Sa
Stuttgart (Min./Max. 1988-2017): im Mittel 11,0°C / 21,1°C
Extremwerte: 3,3°C (2006) / 34,6°C (2014)
Sonne: 5:12 – 21:26
Mond: U 1:08 – A 10:31
Tag °C
Nacht °C

9 So
Pfingstsonntag
Augsburg (Min./Max. 1988-2017): im Mittel 10,0°C / 20,8°C
Extremwerte: 1,3°C (2006) / 33,6°C (2014)
Sonne: 5:12 – 21:27
Mond: U 1:41 – A 11:50
Tag °C
Nacht °C

10 Mo Pfingstmontag
Hamburg (Min./Max. 1988-2017): im Mittel 10,2°C / 19,9°C
Extremwerte: 2,9°C (2001) / 31,5°C (2006)
Sonne: 5:11 – 21:28
Mond: U 2:09 – A 13:09
Tag °C
Nacht °C

11 Di
Berlin (Min./Max. 1988-2017): im Mittel 12,4°C / 22,1°C
Extremwerte: 5,6°C (2001) / 32,9°C (2000)
Sonne: 5:11 – 21:28
Mond: U 2:34 – A 14:26
Tag °C
Nacht °C

12 Mi
Düsseldorf (Min./Max. 1988-2017): im Mittel 11,3°C / 21,5°C
Extremwerte: 3,8°C (1998) / 32,7°C (2006)
Sonne: 5:11 – 21:29
Mond: U 2:56 – A 15:43
Tag °C
Nacht °C

13 Do
Erfurt (Min./Max. 1988-2017): im Mittel 10,3°C / 20,2°C
Extremwerte: 2,8°C (2005) / 28,8°C (2003)
Sonne: 5:10 – 21:30
Mond: U 3:19 – A 16:59
Tag °C
Nacht °C

14 Fr
Frankfurt/M. (Min./Max. 1988-2017): im Mittel 12,3°C / 23,0°C
Extremwerte: 4,5°C (1995) / 33,6°C (2003)
Sonne: 5:10 – 21:30
Mond: U 3:44 – A 18:14
Tag °C
Nacht °C

15 Sa
Stuttgart (Min./Max. 1988-2017): im Mittel 11,6°C / 21,8°C
Extremwerte: 3,4°C (2005) / 34,7°C (2003)
Sonne: 5:10 – 21:31
Mond: U 4:11 – A 19:27
Tag °C
Nacht °C

16 So
Augsburg (Min./Max. 1988-2017): im Mittel 10,5°C / 21,6°C
Extremwerte: 2,1°C (1998) / 33,3°C (2003)
Sonne: 5:10 – 21:31
Mond: U 4:43 – A 20:37
Tag °C
Nacht °C

11. Juni: „Nach Barnabas die Sonne weicht, auf Lucia sie wieder zu uns schleicht."

Gemeint sind die astronomischen Verhältnisse: Nach der Sommersonnenwende sinkt die Tageslänge langsam wieder und die Höhe der Sonne am Mittagshimmel geht bis zum Luciatag am 13. Dezember zurück. Die Regel stammt aus der Zeit vor der Gregorianischen Kalenderreform im Jahr 1582, als die Sonnenwenden nach dem Kalender noch zehn Tage früher stattfanden.

Sommerglätte

Während wochenlanger Trockenheit setzen sich in den Poren des Asphalts Staub, Pollen und Reifenabrieb fest. Wenn dann der erste Regen fällt, entsteht ein Schmierfilm und die Straßen können kurzzeitig so glatt sein wie eine schneebedeckte Fahrbahn. Die Reifen haben dann nur noch etwa ein Fünftel der Haftung im Vergleich zu idealen Verhältnissen. Am meisten bestroffen sind Straßen, auf denen relativ langsam gefahren wird. Auf Autobahnen sorgen die höheren Geschwindigkeiten dafür, dass sich weniger Schmutz ansammelt.

„Kälteste Stadt der Welt“

Am Morgen des 19. Juni 2018 sank die Temperatur in fast allen bedeutenden australischen Städten unter 10 °C. Die einzige Ausnahme war das tropische Darwin an der Nordküste. In Medienberichten wurde Melbourne zur kältesten Großstadt der Welt erklärt. Dort gab es einen Tiefstwert von 3 °C. Als Vergleich dienten 11 °C in Anchorage, 6 °C in Reykjavik, 10 °C in Dublin sowie 15 °C in Paris. Der Kälterekord in Melbourne beträgt -2,8 °C und stammt vom 21. Juli 1869. Solche Temperaturen herrschten am 19. Juni 2018 nur im Bergland, wo bereits der erste Schnee der Saison fiel.

Riesenhagel

Am 18. Juni 2016 gingen in den rumänischen Regionen Iasi und Olt bis zu 9 cm große Hagelbrocken nieder, die ein Gewicht von 400 g erreichten und Häuser sowie Autos schwer beschädigten. Zwei Tage später fiel in Sânandrei in der Region Timisoara Riesenhagel mit einem Durchmesser von 13 bis 15 cm. Auch in Serbien und in der Ukraine bildeten sich an diesen Tagen zum Teil schwere Gewitter.

17 Mo
Hamburg (Min./Max. 1988-2017): im Mittel 11,0°C / 20,7°C
Extremwerte: 3,3°C (2015) / 34,6°C (2000)
Sonne: 5:10 – 21:32
Mond: U 5:20 – A 21:40
Tag °C
Nacht °C

18 Di
Berlin (Min./Max. 1988-2017): im Mittel 12,8°C / 22,9°C
Extremwerte: 6,5°C (1994) / 35,9°C (2000)
Sonne: 5:10 – 21:32
Mond: U 6:06 – A 22:35
Tag °C
Nacht °C

19 Mi
Düsseldorf (Min./Max. 1988-2017): im Mittel 11,9°C / 22,3°C
Extremwerte: 4,3°C (2015) / 35,2°C (2017)
Sonne: 5:10 – 21:32
Mond: U 6:58 – A 23:21
Tag °C
Nacht °C

20 Do
Fronleichnam
Erfurt (Min./Max. 1988-2017): im Mittel 10,8°C / 21,0°C
Extremwerte: 3,3°C (1997) / 33,0°C (2000)
Sonne: 5:10 – 21:33
Mond: U 7:57 – A 23:58
Tag °C
Nacht °C

21 Fr
Frankfurt/M. (Min./Max. 1988-2017): im Mittel 12,9°C / 23,8°C
Extremwerte: 5,3°C (2001) / 37,5°C (2002)
Sonne: 5:11 – 21:33
Mond: U 8:59 – A - -
Astronomischer Sommeranfang (17:54 MESZ)
Tag °C
Nacht °C

22 Sa
Stuttgart (Min./Max. 1988-2017): im Mittel 12,1°C / 22,7°C
Extremwerte: 4,3°C (1999) / 35,0°C (2002)
Sonne: 5:11 – 21:33
Mond: A 0:28 – U 10:03
Tag °C
Nacht °C

23 So
Augsburg (Min./Max. 1988-2017): im Mittel 10,9°C / 22,3°C
Extremwerte: 3,2°C (2001) / 33,9°C (2003)
Sonne: 5:11 – 21:33
Mond: A 0:54 – U 11:07
Tag °C
Nacht °C

24 Mo Hamburg (Min./Max. 1988-2017): im Mittel 11,7°C / 21,1°C — Sonne: 5:12 – 21:33
Extremwerte: 4,7°C (1999) / 32,2°C (1992) — Mond: A 1:16 – U 12:12
Johannistag
Tag °C
Nacht °C

25 Di Berlin (Min./Max. 1988-2017): im Mittel 13,4°C / 23,2°C — Sonne: 5:12 – 21:33
Extremwerte: 8,0°C (2014) / 35,1°C (2016) — Mond: A 1:36 – U 13:16
Tag °C
Nacht °C

26 Mi Düsseldorf (Min./Max. 1988-2017): im Mittel 12,5°C / 23,3°C — Sonne: 5:12 – 21:33
Extremwerte: 4,5°C (2013) / 33,8°C (2011) — Mond: A 1:55 – U 14:22
Tag °C
Nacht °C

27 Do Erfurt (Min./Max. 1988-2017): im Mittel 11,4°C / 21,8°C — Sonne: 5:13 – 21:33
Extremwerte: 2,2°C (2000) / 32,7°C (2016) — Mond: A 2:14 – U 15:29
Siebenschläfertag
Tag °C
Nacht °C

28 Fr Frankfurt/M. (Min./Max. 1988-2017): im Mittel 13,5°C / 24,9°C — Sonne: 5:13 – 21:33
Extremwerte: 4,7°C (1991) / 33,5°C (2005) — Mond: A 2:35 – U 16:39
Tag °C
Nacht °C

29 Sa Stuttgart (Min./Max. 1988-2017): im Mittel 12,6°C / 23,7°C — Sonne: 5:14 – 21:33
Extremwerte: 4,5°C (2000) / 33,9°C (2003) — Mond: A 2:59 – U 17:51
Tag °C
Nacht °C

30 So Augsburg (Min./Max. 1988-2017): im Mittel 11,3°C / 23,2°C — Sonne: 5:14 – 21:33
Extremwerte: 2,7°C (2000) / 33,5°C (2003) — Mond: A 3:28 – U 19:04
Tag °C
Nacht °C

Jahrhundertregen

Am 29. Juni 2017 lag der Osten Deutschlands im Grenzbereich zu sehr warmer Luft über Polen. Gleichzeitig war die Luft labil geschichtet und extrem feucht. Am Vormittag herrschte bei Temperaturen um 20 °C zum Teil dichter Nebel. Ab den Mittagsstunden setzte vor allem im Berliner Raum und im Norden von Brandenburg ungewöhnlich intensiver Regen ein, der auch von Gewittern begleitet war. In Oranienburg erreichte die Regenmenge bis zum Mittag des 30. Juni 2017 insgesamt 261 mm und damit fast die Hälfte der mittleren Jahressumme von 560 mm. Am Flughafen Berlin-Tegel gab es im gleichen Zeitraum 154 mm Regen, in Berlin-Dahlem 116 mm. Die Berliner Feuerwehr zählte über 3000 Einsätze.

Land unter in Oranienburg am 29. Juni 2017.

Monatsthema

Aufwärts- und Abwärtsblitze

Gewitter und Blitze waren von alters her eine beeindruckende und bisweilen furchteinflößende Wettererscheinung. Im Lauf der Geschichte gab es dazu viel Aberglaube, aber auch schon früh pysikalische Überlegungen.

Mythen und erste Erklärungsversuche

Nach der nordischen Mythologie löste der keltische Göttervater Thor die Himmelsphänomene aus. In der griechischen Mythologie wurde Zeus das Gewitter mit Blitz und Donner zugeordnet. In der römischen Götterwelt zeigte sich Jupiter für alle Himmelserscheinungen verantwortlich, besonders für die Gewitter. Die vom Blitz getroffenen Gegenstände oder Orte galten als Jupiters Besitz und waren daher heilig. Auch ein vom Blitz getroffener Mensch, der mit dem Leben davon kam, wurde als einer betrachtet, dem die Götter eine Gunst erwiesen.

Anaximander (um 611-547 v. Chr.) und Anaximenes (um 585-480 v. Chr.) entwickelten eine erste Theorie über die Entstehung eines Gewitters. Als Ursache sahen sie dabei den Wind. Der Donner war für sie das Pressen der Luft gegen und durch die Wolken. Letzteres bewirkte nach ihren Ansichten die Entzündung des Blitzes. In der antiken Meteorologie wurde der Donner häufig als Ursache und der Blitz als Wirkung angesehen. Theophrast (371-287 v. Chr.) erörterte das Phänomen von Blitz und Donner sehr detailliert und distanzierte sich dabei von seinem Lehrer Aristoteles: „Der Blitz geht dem Donner voraus aus zwei Gründen: Entweder weil das Feuer besonders schnell aus der Wolke herauskommt oder weil zugleich der Blitz und der Donner stattfinden. Besonders schnell sehen wir den Blitz, langsamer aber hören wir den Donner." Er unterstützte seine Beweisführung durch ein praktisches

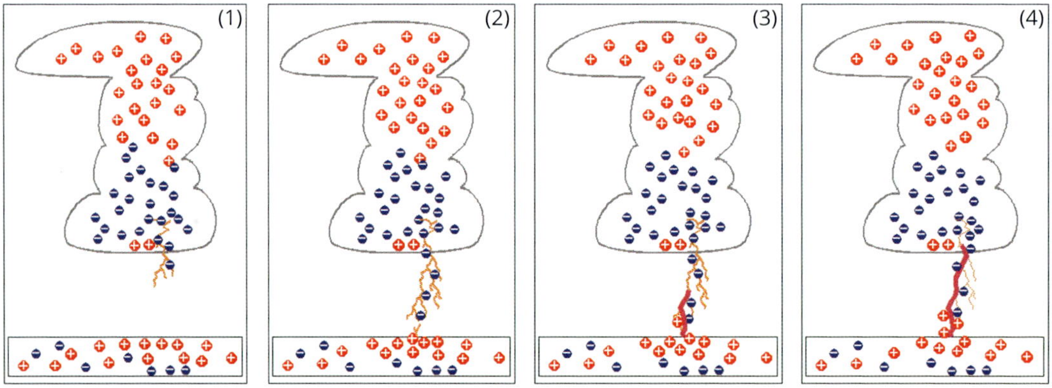

Abb. 6.1: Die Entwicklung vom Leitblitz zum Hauptblitz. Der Leitblitz (1) bewegt sich in Sprüngen von einigen zehn Metern von der Gewitterwolke nach unten. Er hinterlässt einen dünnen, ionisierten Kanal, der kaum sichtbar ist. Bei der Annäherung des Leitblitzes an die Erde erhöht sich die Konzentration positiver Ladungsträger im Erdboden nahe der Oberfläche, es entsteht eine Fangentladung (2). Wenn die lokale Feldstärke einen kritischen Wert überschreitet, kommt es zum Kurzschluss zwischen der Fangentladung und dem Leitblitz. Der Hauptblitz verläuft entlang des ionisierten Kanals von unten nach oben (3, 4).

Beispiel, indem er auf die Beobachtung des Holzspaltens aus der Ferne hinwies, wo zuerst der Schlag zu sehen und dann erst das Geräusch zu hören ist.

Ladungstrennung

Voraussetzung für die Entstehung von Blitzen ist die Ladungstrennung innerhalb der Wolken, ausgelöst durch die heftigen Aufwinde. Hierbei spielt eine Vielzahl von Prozessen eine Rolle. Wichtig sind vor allem die Reibung der Eisteilchen aneinander und die Zerstäubung von Wassertröpfchen. Mit der Zeit sammeln sich positiv geladene Eisteilchen im kalten oberen Bereich der Gewitterwolke, während im unteren Bereich negativ geladende Wassertröpfchen überwiegen. Der Boden unter der Gewitterwolke lädt sich unterdessen positiv auf (Abb.6.1 links). Je nach Verlauf des in der Folge entstehenden Blitzkanals lassen sich unterschiedliche Blitztypen unterscheiden. Im Schnitt geht nur etwa ein Drittel aller Blitzentladungen zur Erde, die übrigen finden innerhalb oder zwischen den Wolken statt („Wolkenblitze").

Blitzarten

Ein Abwärtsblitz (oder Wolke-Erde-Blitz) wird durch eine von der geladenen Wolke zur Erde abwärts gerichtete Vorentladung (Leitblitz) eingeleitet. Dieser nicht sichtbare Teil des Blitzes sucht sich seinen Weg stufenweise von der Wolke zum Erdboden, dabei kann es zu Verästelungen aufgrund der ungleichen räumlichen Verteilung der elektrischen Stärke des Leitblitzes kommen. Ist der Leitblitz fast unten angekommen, so wächst ihm von einer exponierten Stelle, etwa einer Kirchturmspitze oder einem Baum, eine sogenannte Fangentladung entgegen. Wenn die Fangentladung mit dem Leitblitzkopf

Abb. 6.3: Etwa zehnmal pro Jahr schlägt der Blitz in den 324 m hohen Pariser Eiffelturm ein. Das Bild zeigt einen typischen Aufwärtsblitz. Die historische Aufnahme stammt vom 3. Juni 1902, 21:20 Uhr und ist eine der frühesten Fotografien von Blitzen in städtischer Umgebung.

Abb. 6.2: Ein klassischer Abwärtsblitz, aufgenommen im brasilianischen Porto Alegre.

zusammenwächst, kommt es schlagartig zum Hauptblitz. Diese Entladung wandert mit 100.000 km/s von unten nach oben (Abb. 6.1). Für das Auge ist dieser Vorgang aber kaum wahrnehmbar, so dass der Blitz insgesamt eher ein Aufflackern ist, als dass er eine Richtung hat. Die Ladungsträger fließen vom negativen zum positiven Pol, also von der Wolke zum Erdboden. Außerdem kommt es nach einem Blitz häufig zu weiteren Entladungen im selben Blitzkanal. Im Durchschnitt besteht jeder Blitz aus drei Hauptblitzen, die man meist als Flackern oder teils auch als Einzelblitze beobachten kann. Im Blitzkanal erhitzt sich die Luft schlagartig auf bis zu 30.000 °C und dehnt sich dabei explosionsartig aus. Dadurch entsteht der Donner. Abwärtsblitze treten meist im flachen Gelände und bei vergleichsweise niedrigen baulichen Anlagen auf. Sie sind gut an den zur Erde gerichteten Verästelungen erkennbar (Abb. 6.2). Etwa 90 Prozent aller Blitze, die mit dem Erdboden in Berührung kommen, sind dieser Kategorie der Wolke-Erde-Blitze zuzuordnen.

Rund zehn Prozent der Blitze verlaufen in umgekehrter Richtung. Diese Aufwärtsblitze (oder Erde-Wolke-Blitze) werden von der Erdoberfläche ausgelöst und gehen meistens von hohen Gebäuden oder Berggipfeln aus. Zumeist weisen sie eine hohe Stromstärke auf. Die Verästelungen zeigen nun in die umgekehrte Richtung, das heißt in Richtung der Wolken (Abb. 6.3).

In der Khao-Chong-Pran-Höhle in Thailand leben rund 2,6 Millionen Fledermäuse. Ihr abendliches Ausfliegen ist ein beeindruckendes Schauspiel. Dann strömt etwa eine Stunde lang ein riesiges Band von Fledermäusen aus der Höhle. Während oder kurz nach heftigem Regen bleiben die Fledermäuse in der Höhle. Spätestens nach ein paar Tagen treibt sie der Hunger aber wieder heraus. In einer Nacht kann jede Fledermaus ihr eigenes Körpergewicht von 12 bis 15 Gramm an Beutetieren fressen. So kommen im Umfeld der Höhle viele Tonnen Insekten pro Nacht zusammen. Dadurch tragen sie auch zur Schädlingsbekämpfung bei, indem sie beispielsweise die Spitzkopfzikaden dezimieren, die in manchen Jahren zu Massenentwicklungen neigen und als Reisschädlinge gefürchtet sind. Insgesamt gibt es in Thailand etwa acht Millionen Fledermäuse.

Wetter und Natur

Der Flug der Fledermäuse

Bei ihren nächtlichen Jagdausflügen steigen Fledermäuse höher auf und legen dabei größere Distanzen zurück als lange Zeit gedacht. Jenseits der Baumwipfel sind sie in einem weitem Bereich der unteren Luftschichten unterwegs. Hier spüren sie Insekten auf, die die Höhenwinde nutzen, um Strecken zurückzulegen, die diese aus eigener Kraft nicht bewältigen könnten. In Mitteleuropa gibt es GPS-Aufnahmen von Fledermäusen aus 500 Metern Höhe, der Große Abendsegler (Nyctalus noctula) erreicht manchmal über 1000 Meter. In Thailand wurden Fledermäuse in rund 800 Metern Höhe erfasst. Den Rekord hält die Mexikanische Bulldoggfledermaus (Tadarida brasiliensis) mit mehr als 3000 Metern Höhe. Bei zwei Arten wurde beobachtet, dass sie während der Jagd in kurzer Zeit mehrere Hundert Höhenmeter wiederholt auf- und absteigen. Große Fledermausschwärme legen bei ihren Beutezügen pro Nacht 40 bis 50 Kilometer, vereinzelt auch über 100 Kilometer zurück.
Die meisten Fledermausarten fliegen nur bei einigermaßen gutem Wetter. Besonders

Die meisten Fledermausarten gibt es in den Tropen und Subtropen, wo neben den Insektenjägern auch vegetarisch lebende Arten vorkommen.

Regen, niedrige Temperaturen und starker Wind beeinträchtigen das Flugverhalten der Tiere, die bei ihrer Jagd oft waghalsige Flugmanöver durchführen. Sie können ihre Flügel flexibel verformen und jeder Flugsituation blitzschnell anpassen. Nervenfasern durchziehen als dichtes Netz die Haut der Fledermausflügel und registrieren jeden noch so kleinen Luftwirbel. Schon Leonardo da Vinci träumte vor einem halben Jahrtausend von Flügeln für Menschen, die denen der Fledermäuse glichen.

Juli in Stockholm

Die schwedische Hauptstadt Stockholm (59° 20' N, 18° 3' O) ist mit knapp einer Million Einwohner die größte Stadt Skandinaviens. Die Temperaturverhältnisse sind dort im Juli, dem wärmsten Monat des Jahres, ähnlich wie in Hamburg mit einem mittleren Maximum von 23 °C und Tiefstwerten um 14 °C. In den Wintermonaten ist es jedoch in Stockholm deutlich kälter als in Hamburg.
Im Sommer 2018 wurde zwar der absolute Wärmerekord von 36 °C, gemessen am 3. Juli 1811, nicht übertroffen, aber der Juli 2018 brachte mit 22,5 °C die bisher höchste Monatsmitteltemperatur in der 262-jährigen Klimareihe von Stockholm. Zudem wurden an einigen Wetterstationen im Süden von Schweden in der Vegetationsperiode von Mai bis Juli noch nie so niedrige Regenmengen registriert wie im Jahr 2018. In durchschnittlichen Jahren ist dagegen der Juli in Stockholm mit einer Regenmenge von 65 mm der niederschlagsreichste Monat des Jahres.

Wetterwissen

Die Dürresommer 1976 und 2018

Im Sommer 1976 waren die Regenmengen in Mitteleuropa ähnlich niedrig wie im Sommer 2018. Bezieht man jeweils auch das Vorjahr mit ein, war das Niederschlagsdefizit 1976 sogar noch etwas größer und im Gegensatz zu 2018 gab es damals bereits zu Beginn des Sommers kaum Wasservorräte im Boden für die Pflanzen. Ein entscheidender Unterschied bestand jedoch: Die Trockenheit im Sommer 2018 war mit deutlich höheren Temperaturen verbunden, was den Stress für die Vegetation wesentlich verschärfte.
Vergleicht man die Berichte in der Presse, so könnten die Zeitungsausschnitte von 1976 genauso gut aus dem Jahr 2018 stammen. Die Themen waren damals wie heute zum Beispiel Ernteausfälle, Entschädigung der Bauern, Fischsterben und Autobahnschäden. Außerdem gefährdeten 1976 die niedrigen Wasserstände den Schiffsverkehr auf der Elbe und anderen Flüssen. Der Deutschen Bundesbahn brachte die Hitze zusätzliche Arbeit. In wichtigen Bereichen wie dem Frankfurter Hauptbahnhof stellten sogenannte Gleisläufer täglich die Temperaturen der Gleise und Weichen mit Thermometern fest und achteten auf mögliche Verformungen. Einige Gleise mussten stillgelegt werden. Dürreprobleme gab es 1976 auch in Großbritannien. Im Laufe des Sommers wurde das Wasser für Schwimmbäder, Parks, Golfplätze und andere Anlagen rationiert. Berichte über wolkenbruchartige Gewitterregen auf dem Kontinent wurden neidvoll gelesen.

Am 27. Juli 2018 entstand zwischen Fichtenwalde und dem Autobahndreieck Potsdam ein Waldbrand. Wegen der großen Trockenheit breitete er sich sehr schnell auf eine Fläche von 90 Hektar aus.

Typische Wetterlagen im Juli

Südost, Süd, Südwest: Sommerlich warm bei 27 bis 34 °C, dabei zeitweise auch unangenehm schwül. Teils sonnig, teils wolkig, vor allem im Westen und im Bergland gewittrig. Bei Wetterumstellung auf kühleren Westwind Bildung von Gewitterfronten mit örtlichen Unwettern.

West, Tiefdrucklage über Mitteleuropa: Wechselhaftes Wetter. Durchzug von Fronten mit Regen (manchmal auch Gewittern), dazwischen sonnige Phasen. Wechsel zwischen warmer Meeresluft mit Temperaturen von 21 bis 26 °C und kalter Meeresluft mit 16 bis 22 °C. Ist diese Wetterlage sehr beständig, bringt sie zusammen mit häufigen Nordwestlagen einen verregneten Sommer.

Nordwest, Nord: Wechselhaftes und kühles Wetter bei Temperaturen von 12 bis 18 °C. Vor allem nach Osten hin und am Nordalpenrand immer wieder Regen. Im Hochgebirge ist bei dieser Wetterlage Schneefall möglich. An der Grenze zu warmer Mittelmeerluft können Starkregengebiete entstehen. Im Bereich von Donau, Elbe und Oder besteht dann Hochwassergefahr.

Nordost, Ost, Hochdrucklage über Mitteleuropa: Viel Sonne bei Quellwolken ab Spätvormittag. Bei mehrtägigem sonnigen Wetter von Tag zu Tag etwas wärmer: zunächst 20 bis 25 °C, später 26 bis 31 °C. Besonders im Bergland am Nachmittag einzelne lokal begrenzte Wärmegewitter.

Am Abend des 5. Juli 2012 entwickelte sich am oberbayerischen Alpenrand ein heftiges Gewitter. Das Bild entstand nördlich des Kochelsees (vgl. nächste Seite).

1 Mo
Hamburg (Min./Max. 1988-2017): im Mittel 12,9°C / 22,7°C
Extremwerte: 6,3°C (1990) / 36,4°C (2015)
Sonne: 5:15 – 21:33
Mond: A 4:04 – U 20:16
Tag °C
Nacht °C

2 Di
Berlin (Min./Max. 1988-2017): im Mittel 14,6°C / 24,5°C
Extremwerte: 8,7°C (2004) / 37,8°C (2015)
Sonne: 5:16 – 21:32
Mond: A 4:49 – U 21:22
Tag °C
Nacht °C

3 Mi
Düsseldorf (Min./Max. 1988-2017): im Mittel 13,7°C / 24,1°C
Extremwerte: 6,0°C (2014) / 37,2°C (2015)
Sonne: 5:16 – 21:32
Mond: A 5:47 – U 22:19
Tag °C
Nacht °C

4 Do
Erfurt (Min./Max. 1988-2017): im Mittel 12,5°C / 22,8°C
Extremwerte: 6,2°C (1990) / 36,2°C (2015)
Sonne: 5:17 – 21:32
Mond: A 6:56 – U 23:05
Tag °C
Nacht °C

5 Fr
Frankfurt/M. (Min./Max. 1988-2017): im Mittel 14,6°C / 25,4°C
Extremwerte: 7,7°C (1996) / 38,8°C (2015)
Sonne: 5:18 – 21:31
Mond: A 8:14 – U 23:43
Erde in Sonnenferne (morgens)
Tag °C
Nacht °C

6 Sa
Stuttgart (Min./Max. 1988-2017): im Mittel 13,5°C / 23,9°C
Extremwerte: 7,0°C (1993) / 36,6°C (2015)
Sonne: 5:19 – 21:31
Mond: A 9:35 – U --
Tag °C
Nacht °C

7 So
Augsburg (Min./Max. 1988-2017): im Mittel 12,2°C / 23,6°C
Extremwerte: 5,1°C (2011) / 34,7°C (1994)
Sonne: 5:20 – 21:30
Mond: U 0:13 – A 10:56
Tag °C
Nacht °C

Unwetterlage 2012

Am 5. Juli 2012 herrschten in Deutschland und im Alpenraum mit 22 bis 30 °C keine außergewöhnlich hohen Temperaturen. Aber die Luft war sehr schwül. Hinzu kam die großräumige Hebung der Luft im Vorfeld eines Tiefs. So entstanden im Tagesverlauf schwere Gewitter mit sintflutartigem Regen, Hagel und Sturmböen. In Bad Liebenwerda im südlichen Brandenburg fielen innerhalb einer Stunde 85 mm Regen. In Gera wurden in einer Gewitterböe 98 km/h (Windstärke 10) gemessen. In Sachsen gab es an mehreren Orten großen Hagel.

„Wenn der Wind der Sonne folgt, so bleibt das Wetter tagelang gut."

Nach einer klaren Nacht weht oft wenig Wind, denn in Bodennähe hat sich eine flache, kühle Luftschicht (Inversion) gebildet. An sonnigen Sommertagen erwärmt sich die Luft schnell. Dann setzt sich die Strömung über der Inversion bis zum Boden durch und der Wind nimmt mehr oder weniger zu. Eine Prognose lässt sich daraus aber nicht ableiten, es könnte auch ein Wetterwechsel folgen.

7 JULI

Wetter und Garten

Der Sternrußtau ist die häufigste Rosenkrankheit. Er tritt in Jahren mit kühler, feuchter Witterung besonders stark auf. Befallene Blätter haben unterschiedlich große und unregelmäßig geformte, grauschwarze Flecken mit auslaufenden Rändern. In der Umgebung der Flecken ist das Rosenblatt meist gelblich oder gelbrötlich verfärbt. Stark befallene Rosen werfen im Lauf des Sommers einen großen Teil ihres Laubs ab und können durch die Pilzkrankheit geschwächt werden. Der Pilz überwintert auf den Blättern am Boden. Abgefallene Blätter sollten daher sorgfältig entfernt werden, denn von ihnen kann im nächsten Jahr eine erneute Infektion ausgehen.

Der Sternrußtau kann vom Frühsommer bis zum Herbst auftreten.

8 Mo
Hamburg (Min./Max. 1988-2017): im Mittel 13,0°C / 22,5°C
Extremwerte: 6,7°C (1996) / 34,6°C (2010)
Sonne: 5:20 – 21:30
Mond: U 0:39 – A 12:15
Tag °C
Nacht °C

9 Di
Berlin (Min./Max. 1988-2017): im Mittel 14,7°C / 24,4°C
Extremwerte: 8,9°C (1993) / 37,7°C (2010)
Sonne: 5:21 – 21:29
Mond: U 1:03 – A 13:33
Tag °C
Nacht °C

10 Mi
Düsseldorf (Min./Max. 1988-2017): im Mittel 13,6°C / 23,6°C
Extremwerte: 5,9°C (2015) / 36,0°C (2010)
Sonne: 5:22 – 21:28
Mond: U 1:25 – A 14:49
Tag °C
Nacht °C

11 Do
Erfurt (Min./Max. 1988-2017): im Mittel 12,4°C / 22,7°C
Extremwerte: 5,7°C (2015) / 34,1°C (2010)
Sonne: 5:23 – 21:28
Mond: U 1:49 – A 16:03
Tag °C
Nacht °C

12 Fr
Frankfurt/M. (Min./Max. 1988-2017): im Mittel 14,2°C / 25,1°C
Extremwerte: 7,4°C (2015) / 36,4°C (2010)
Sonne: 5:24 – 21:27
Mond: U 2:15 – A 17:16
Tag °C
Nacht °C

13 Sa
Stuttgart (Min./Max. 1988-2017): im Mittel 13,3°C / 23,6°C
Extremwerte: 5,8°C (1993) / 34,6°C (2010)
Sonne: 5:25 – 21:26
Mond: U 2:44 – A 18:26
Tag °C
Nacht °C

14 So
Augsburg (Min./Max. 1988-2017): im Mittel 12,0°C / 23,1°C
Extremwerte: 5,6°C (2015) / 33,4°C (2010)
Sonne: 5:26 – 21:25
Mond: U 3:19 – A 19:30
Tag °C
Nacht °C

15 Mo
Hamburg (Min./Max. 1988-2017): im Mittel 13,3°C / 22,6°C
Extremwerte: 6,6°C (1996) / 36,9°C (2006)
Sonne: 5:27 – 21:25
Mond: U 4:01 – A 20:28

Tag °C
Nacht °C

16 Di
Berlin (Min./Max. 1988-2017): im Mittel 15,0°C / 24,6°C
Extremwerte: 7,8°C (1996) / 37,1°C (2007)
Sonne: 5:29 – 21:24
Mond: U 4:50 – A 21:17
Partielle Mondfinsternis (spätabends) ○

Tag °C
Nacht °C

17 Mi
Düsseldorf (Min./Max. 1988-2017): im Mittel 14,0°C / 24,5°C
Extremwerte: 6,8°C (1996) / 36,2°C (2003)
Sonne: 5:30 – 21:23
Mond: U 5:46 – A 21:57

Tag °C
Nacht °C

18 Do
Erfurt (Min./Max. 1988-2017): im Mittel 12,7°C / 23,3°C
Extremwerte: 4,4°C (1996) / 35,0°C (2007)
Sonne: 5:31 – 21:22
Mond: U 6:47 – A 22:30

Tag °C
Nacht °C

19 Fr
Frankfurt/M. (Min./Max. 1988-2017): im Mittel 14,7°C / 25,9°C
Extremwerte: 7,5°C (1989) / 36,8°C (2003)
Sonne: 5:32 – 21:21
Mond: U 7:51 – A 22:57

Tag °C
Nacht °C

20 Sa
Stuttgart (Min./Max. 1988-2017): im Mittel 13,5°C / 24,7°C
Extremwerte: 6,5°C (2000) / 35,4°C (1998)
Sonne: 5:33 – 21:19
Mond: U 8:55 – A 23:20

Tag °C
Nacht °C

21 So
Augsburg (Min./Max. 1988-2017): im Mittel 12,1°C / 24,1°C
Extremwerte: 5,2°C (2000) / 36,9°C (2007)
Sonne: 5:35 – 21:18
Mond: U 10:00 – A 23:41

Tag °C
Nacht °C

Wilder Donnergott

Acht Monate nach dem verheerenden Taifun „Haiyan" überquerte der Taifun „Rammasun“ die Philippinen. Der Name „Rammasun“ kommt aus der thailändischen Sprache und bedeutet „Donnergott“. Am 15. Juli 2014 traf der Taifun auf die Küste der philippinischen Hauptinsel Luzon nahe der Stadt Legaspi City. Dort erreichten die Windgeschwindigkeiten bis über 230 km/h. Auf seinem weiteren Weg schwächte sich der Taifun zwar etwas ab, sorgte aber dennoch in der Metropolregion Manila für Chaos. Über fünf Millionen Menschen waren ohne Strom und viele Straßen wurden überflutet. Am 16. Juli 2014 zog „Rammasun“ auf das Chinesische Meer und steuerte mit einer Verlagerungsgeschwindigkeit von etwa 25 km/h auf die Küste Südchinas und Vietnams zu. Auf dem Weg dorthin intensivierte er sich über dem warmen Wasser wieder. Am 18. Juli 2014 erreichte der Taifun die Küste der chinesischen Insel Hainan im Gebiet Wenchang mit Spitzenböen von 250 km/h. Zu diesem Zeitpunkt wies er im Zentrum einen Druck von 910 hPa auf. „Rammasun“ war damit der stärkste Taifun in Südchina seit dem Jahr 1973.

7 JULI

Hitze auf Sylt

Am 26. Juli 2018 wurde auf der Insel Sylt ein neuer Hitzerekord erreicht, als in List die Temperatur auf 32,8 °C stieg. Der vorherige Höchstwert stammte aus dem Jahr 1937 und lag bei 31,6 °C. Solche Temperaturen kommen auf Sylt nur zustande, wenn gleichzeitig ein heißer Südostwind weht. Ungewöhnlich warm war es auch am 27. Juli 2018 mit 31,1 °C.

Unwetter in Istanbul

Am Abend des 27. Juli 2017 zog zum zweiten Mal innerhalb von zehn Tagen ein schweres Unwetter über Istanbul. Sturmböen und Hagel führten zu zahlreichen Schäden und auf den teilweise überfluteten Straßen kam es zu einem Verkehrschaos. Der Straßentunnel unter dem Bosporus sowie mehrere U-Bahnhöfe mussten zeitweise gesperrt werden. Die großen Hagelkörner zerschlugen zahlreiche Fensterscheiben und beschädigten unzählige Autos. Am Hafen in Haydarpasa auf der asiatischen Seite Istanbuls stürzte während des Sturms ein großer Hafenkran um, wodurch eine Explosion ausgelöst wurde.

22 Mo
Hamburg (Min./Max. 1988-2017): im Mittel 13,8°C / 23,9°C — Sonne: 5:36 – 21:17
Extremwerte: 6,6°C (1999) / 35,1°C (2006) — Mond: U 11:04 – A - -
Tag °C
Nacht °C

23 Di
Berlin (Min./Max. 1988-2017): im Mittel 15,5°C / 25,7°C — Sonne: 5:37 – 21:16
Extremwerte: 10,5°C (1996) / 34,8°C (2006) — Mond: A 0:00 – U 12:08
Tag °C
Nacht °C

24 Mi
Düsseldorf (Min./Max. 1988-2017): im Mittel 14,5°C / 24,9°C — Sonne: 5:38 – 21:15
Extremwerte: 7,1°C (2012) / 36,3°C (2006) — Mond: A 0:19 – U 13:14
Tag °C
Nacht °C

25 Do
Erfurt (Min./Max. 1988-2017): im Mittel 13,2°C / 24,2°C — Sonne: 5:40 – 21:13
Extremwerte: 6,6°C (2012) / 34,4°C (2013) — Mond: A 0:38 – U 14:21
Tag °C
Nacht °C

26 Fr
Frankfurt/M. (Min./Max. 1988-2017): im Mittel 15,2°C / 26,5°C — Sonne: 5:41 – 21:12
Extremwerte: 6,8°C (2012) / 36,7°C (2013) — Mond: A 1:00 – U 15:30
Tag °C
Nacht °C

27 Sa
Stuttgart (Min./Max. 1988-2017): im Mittel 13,9°C / 25,1°C — Sonne: 5:42 – 21:11
Extremwerte: 7,9°C (2012) / 34,9°C (2015) — Mond: A 1:26 – U 16:41
Tag °C
Nacht °C

28 So
Augsburg (Min./Max. 1988-2017): im Mittel 12,6°C / 24,6°C — Sonne: 5:44 – 21:09
Extremwerte: 5,3°C (2004) / 35,4°C (2013) — Mond: A 1:57 – U 17:53
Tag °C
Nacht °C

29 Mo Hamburg (Min./Max. 1988-2017): im Mittel 13,7°C / 24,1°C
Extremwerte: 6,2°C (2015) / 34,3°C (2013)
Sonne: 5:45 – 21:08
Mond: A 2:37 – U 19:01

Tag °C

Nacht °C

30 Di Berlin (Min./Max. 1988-2017): im Mittel 15,6°C / 25,9°C
Extremwerte: 7,8°C (2015) / 37,2°C (1994)
Sonne: 5:46 – 21:07
Mond: A 3:29 – U 20:03

Tag °C

Nacht °C

31 Mi Düsseldorf (Min./Max. 1988-2017): im Mittel 14,3°C / 25,2°C
Extremwerte: 5,9°C (2015) / 36,8°C (2013)
Sonne: 5:48 – 21:05
Mond: A 4:33 – U 20:56

Tag °C

Nacht °C

Oberflächenspannung

Wespen können zwar nicht schwimmen, aber bei ihrem Gewicht von rund 0,1 Gramm von der vergleichsweise hohen Oberflächenspannung des Wassers profitieren. Während sich innerhalb des Wassers die Wechselwirkungen zwischen den Molekülen kompensieren, ist dies an der Oberfläche nicht der Fall. Es entsteht eine Art Haut. In warmem Wasser ist die Oberflächenspannung etwas niedriger als in kaltem.

Monatsthema

Monsun und Klimawandel

Kein Wetterphänomen prägt Südasien so stark wie der Monsun. Die saisonale Luftströmung führt im Winter zu Trockenheit und Dürre, bringt im Sommer aber große Niederschlagsmengen. Rund 80 Prozent der jährlichen Regenfälle in Indien finden während der Monsunzeit zwischen Juni und September statt. Die Stärke des Monsuns schwankt dabei im Laufe der Zeit und könnte sich durch den Klimawandel ändern.

Monsunniederschläge

Der Monsun wird angetrieben durch den Temperatur- und Druckgegensatz zwischen Land und Meer, der je nach Jahreszeit wechselt. Im Winter herrschen tiefere Temperaturen und höherer Druck über dem Land, im Sommer über dem Meer. Im Winter weht der Monsun daher vom Land auf das Meer, im Sommer vom Meer auf das Land. Während der Wintermonsun trocken ist, bringt der Sommermonsun starke Niederschläge auf den Landmassen in der Nähe des Indischen Ozeans (Abb. 7.1).

Die Niederschläge des südasiatischen Sommermonsuns sind einerseits von der Stärke der Monsunströmung, andererseits aber auch von der Menge des transportierten Wasserdampfes abhängig. Diese Faktoren wiederum werden vor allem von den Meeresoberflächentemperaturen im nördlichen Indischen Ozean und den Temperaturgegensätzen zwischen Ozean und Land bestimmt. Ein weiterer Einflussfaktor ist die Schneebedeckung auf dem eurasischen Kontinent.

Abb. 7.1: Mitte Juli 2017 gab es sowohl im Westen als auch im Osten von Indien Monsuntiefs (im Bild Überschwemmungen in Gujarat).

Eine ausgedehnte Schneedecke in Eurasien im Frühjahr verzögert die sommerliche kontinentale Erwärmung und damit die Monsunentwicklung, da viel Sonnenenergie für die Schneeschmelze verbraucht wird. Auch das El-Niño-Phänomen, eine ungewöhnliche Erwärmung der Meeresoberflächentemperatur im östlichen äquatorialen Pazifik, beeinflusst den südindischen Monsun. El-Niño-Ereignisse verursachen in der Regel eine Abschwächung der indischen Monsunströmung im Sommer. Allerdings scheint die Korrelation zwischen El Niño und dem indischen Monsun in letzter Zeit schwächer geworden zu sein.
In den letzten 50 Jahren sind die Niederschläge in Indien im Mittel zurückgegangen. Während der Monsunzeit von Juni bis September fielen im Zeitraum 1961 bis 2006 pro Jahrzehnt 7,3 mm weniger Niederschlag. Von Bedeutung ist dabei der Unterschied zwischen starken und schwachen Regenfällen. Während die Zahl der schwachen Regenfälle über ganz Indien gemittelt zuruckgegangen ist, haben die starken Regenfälle zugenommen. Auch länger anhaltende Regenfälle haben abgenommen, während kurz andauernde Regenphasen und Trockenperioden zugenommen haben (Abb. 7.2). Da kurze und heftige Regenfälle weniger durch den Monsun als durch lokale Konvektion und Gewitter verursacht werden, kann aufgrund der beobachteten Trends eine Schwächung des Monsunsystems vermutet werden.

Abb. 7.2: Kleinräumige Schauerwolken über dem nordindischen Bundesstaat Bihar.

Ursachen für Veränderungen

Nach Modellstudien sollte die globale Erwärmung dazu führen, dass sich das Meeresoberflächenwasser im Indischen Ozean erwärmt. Als Folge sollte mehr Wasser verdunsten, das dann von den Monsunwinden als Wasserdampf vom Ozean über den indischen Subkontinent transportiert werden sollte. Damit wären mehr Niederschläge über Indien zu erwarten. Tatsächlich haben sich die Meeresoberflächentemperaturen des Indischen Ozeans in Äquatornähe in den letzten 50 Jahren um 0,6 bis 0,8 Grad erhöht. Nördlich davon, im Arabischen Meer und im Golf von Bengalen gab es jedoch fast keine Erwärmung des Meerwassers. Als Folge ist der Temperaturunterschied zwischen den äquatorialen Gebieten und dem nördlichen Indischen Ozean von ursprünglich 1 Grad nahezu verschwunden.
Als Grund für die Abnahme der Wärmedifferenz über dem Ozean wird die zunehmende Aerosolbelastung über dem Arabischen Meer und dem Golf von Bengalen durch

Abb. 7.3: Das Satellitenbild vom 11. Januar 2013 zeigt über Bangladesch und Teilen von Nordindien starken Smog.

anthropogene Emissionen angenommen.
Die Aerosole verringern hier die Sonneneinstrahlung und damit die Erwärmung der Meeresoberfläche. Der fehlende Temperaturgegensatz zwischen dem äquatorialen und dem nördlichen Indischen Ozean führt so zu einer Abschwächung der Luftdruckdifferenz und damit zu einer Schwächung der Monsunwinde. Für Indien bedeutet das weniger Monsunniederschlag.
Der Monsunniederschlag hat sich allerdings nicht während der gesamten Monsunregenzeit verringert. In der ersten Hälfte von Mai bis Juni nahmen die Niederschläge 1961 bis 2006 in ganz Indien sogar zu. In der zweiten Monsunhälfte von Juli bis September dagegen ist der Trend mit 9,6 mm pro Jahrzehnt negativ. Als Ursache für diesen Unterschied werden wiederum Aerosole diskutiert, dieses Mal die zunehmende Aerosolkonzentration über der Indus-Ganges-Ebene mit Ruß- und Staubaerosolen (Abb. 7.3). Während Aerosole im allgemeinen eine Abkühlung der Land- und Meeresoberfläche bewirken, da sie Sonnenstrahlen reflektieren, absorbieren Ruß- und auch Staubaerosole Sonnenstrahlen in der unteren Troposphäre bis 3 km Höhe. Vor Beginn der Monsunzeit erwärmt daher eine hohe Staub- und Rußbelastung die mittlere und untere Atmosphäre über Nordindien.
Das führt einerseits zu lokalen Konvektionsniederschlägen und andererseits auch zu stärkeren Monsunwinden und -niederschlägen zu Beginn der Monsunzeit. Hinzu kommt, wie erwähnt, die generell größere Variabilität bei den Regenfällen von Tag zu Tag. Die Gefahr von Überschwemmungen durch Monsunregen wird daher trotz der im Mittel leichten Abschwächung des Monsunsystems größer.

Am Morgen des 28. August 2016 befanden sich über den Appalachen im Osten der USA zwei Wolkenstockwerke. Es handelte sich um den Südteil einer schwachen Kaltfront, ausgehend von einem Tief in über 3000 km Entfernung östlich von Neufundland. Über den dichten Wolken in tiefen Luftschichten gab es auch einige hohe Wolken. Aus diesen Wolken fielen Eiskristalle, die zum Teil wieder verdunsteten, so dass am Boden nur leichter Regen beobachtet wurde. Östlich der Appalachen begann der Tag dagegen mit fast wolkenlosem Himmel und die Stauseen rund um Jefferson City im US-Bundesstaat Tennessee glitzerten in der Ferne im Sonnenschein. Das Foto entstand auf dem Flug von Seattle im pazifischen Nordwesten der USA nach Charlotte (North Carolina) in der Nähe der Atlantikküste.

Wetter und Natur

Das Wespenjahr

Nur die befruchteten Wespenköniginnen überleben den Winter, während die Arbeiterinnen und Drohnen in der kalten Jahreszeit sterben. Die Königinnen beginnen im Frühjahr mit dem Nestbau und der Eiablage. Nach dem Schlüpfen müssen sie die ersten Larven allein durchfüttern. Wenn zu dieser Zeit Regen und Kälte herrschen, scheitern die meisten Nestgründungen. Besonders viele Wespen können sich dagegen entwickeln, wenn von April bis Juni warme und trockene Witterung überwiegt, so wie im Jahr 2018. Gegen Ende August erreicht die Wespenpopulation ihren Höhepunkt, dann schlüpfen neben Arbeiterinnen auch erste Männchen und neue Königinnen.
Die Außenhülle der Wespennester besteht aus dem sogenannten „Wespenpapier" und bildet für den innen liegenden Wabenbau eine schützende Isolierung. Die empfindliche Brut im Nestinneren benötigt eine möglichst konstante Temperatur von etwa 30 °C. Bei zu niedrigen Temperaturen wird Wärme durch Muskelzittern erzeugt. Bei zu hohen Temperaturen steigern die Arbeiterinnen mittels Flügelventilation die Luftzufuhr ins Nestinnere. An extrem heißen Tagen verteilen sie zusätzlich Wasser auf die einzelnen Waben und sorgen so für Verdunstungskühlung.

Dieses riesige Wespennest wurde im August 2013 in St. Georgen (Oberösterreich) entdeckt.

August in Chongqing

Die chinesische Stadt Chongqing (29° 33' N, 106° 34' O) liegt an der Mündung des Jialing in den Jangtsekiang. Dort herrscht das ganze Jahr über eine hohe Luftfeuchte. Vor allem im Winterhalbjahr gibt es viele Nebeltage, wobei nur in Ausnahmefällen leichter Nachtfrost herrscht. Die Sommer sind in Chongqing lang und unerträglich schwül-heiß. Im August erreicht die Hitze ihren Höhepunkt mit mittleren Höchstwerten von 33 °C. Im Dürresommer 2006 war zwar die Luftfeuchte weniger hoch als sonst, dafür brachte der 15. August 2006 den Hitzerekord von 43 °C. Im Sommer 2007 führten dagegen außergewöhnlich starke Monsunregen zu Überschwemmungen. Am 18. Juli 2007 wurde mit 266,6 mm die bisher höchste tägliche Regenmenge seit Beginn der Wetteraufzeichnungen 1892 gemessen. Chongqing trägt nicht nur den Titel „Nebelhauptstadt", sondern gehört auch zu den „drei Öfen" Chinas, wie die heißesten Städte genannt werden.

Wetterwissen

Ein neuer Wettersatellit

In der Nacht vom 22. zum 23. August 2018 startete vom Weltraumbahnhof Kourou in Französisch-Guyana der Satellit Aeolus. Der nach dem griechischen Windgott benannte Erdbeobachtungssatellit der europäischen Weltraumagentur ESA soll erstmals direkt Windprofile in der Atmosphäre messen. Ermöglicht wird dies durch das Lasersystem ALADIN (Atmospheric Laser Doppler Instrument), das kurze Lichtpulse im ultravioletten Wellenlängenbereich aussendet, die wiederum von Molekülen, Staub und Wolken zurückgestreut werden. Aus der Laufzeit und der Frequenzverschiebung (Dopplereffekt) des Rückstreusignals erhält man dann Informationen über die Strömungsverhältnisse in der Atmosphäre. Daraus lassen sich für einen Bereich, der vom Boden bis in 30 Kilometer Höhe reicht, vertikale Windprofile erstellen. Man erwartet von den gewonnenen Daten eine merkliche Verbesserung der mittelfristigen Wettervorhersagen, denn bisher war die Windmessung, die hauptsächlich mittels Radiosonden an Wetterballonen sowie ortsfesten Anemometern und Radargeräten durchgeführt wurde, in weiten Teilen der Welt noch sehr lückenhaft. Zudem erhofft man sich Fortschritte beim Wissensstand über den globalen Energiehaushalt sowie die atmosphärische Zirkulation und Transportvorgänge. Die Mission ist bisher auf drei Jahre angelegt. Sollten sich die Erwartungen erfüllen, sind weitere Satelliten mit entsprechender Ausstattung geplant, so dass die Modelle dauerhaft auf die verbesserte Datenlage zurückgreifen können.

Vom neuen Satelliten Aeolus werden Windgeschwindigkeiten mit einer Genauigkeit von 1 bis 2 Metern pro Sekunde erfasst, die vertikale Auflösung liegt zwischen 250 Meter und 2 Kilometer (Fotomontage).

Typische Wetterlagen im August

Südost, Süd, Südwest: Sommerlich warm bei 27 bis 33 °C, zeitweise auch unangenehm schwül. Teils sonnig, teils wolkig, vor allem im Westen und im Bergland gewittrig. Bei Wetterumstellung auf kühleren Westwind Bildung von Gewitterfronten mit örtlichen Unwettern. In kurzer Zeit können dann große Regenmengen von über 50 Litern pro Quadratmeter zusammenkommen.

West, Tiefdrucklage über Mitteleuropa: Wechselhaftes Wetter. Immer wieder Durchzug von Fronten mit Regen (manchmal auch Gewittern), dazwischen Wetterberuhigung mit sonnigen Phasen. Wechsel zwischen warmer Meeresluft mit Temperaturen von 22 bis 27 °C und kalter Meeresluft mit 17 bis 24 °C.

Nordwest, Nord: Wechselhaftes und kühles Wetter bei Temperaturen von 16 bis 22 °C. Besonders nach Osten hin und am Nordalpenrand immer wieder Regen. Gegen Monatsende bringt diese Wetterlage den ersten frühherbstlichen Kälteeinbruch mit nach den warmen Sommerwochen ungewohnten Temperaturen zwischen 9 und 15 °C sowie ergiebigen Regenfällen.

Nordost, Ost, Hochdrucklage über Mitteleuropa: Viel Sonne bei Quellwolken ab Spätvormittag. Bei mehrtägigem sonnigen Wetter von Tag zu Tag etwas wärmer: zunächst 20 bis 25 °C, später 25 bis 30 °C. Am Nachmittag lokale Wärmegewitter möglich, im letzten Monatsdrittel abnehmende Gewitterneigung.

Am 19. August 2011 hagelte es in Teilen des Lungaus (Salzburger Land) so stark, dass in St. Margarethen ein Schneepflug ausrücken musste, um die Straßen wieder befahrbar zu machen.

1 Do Erfurt (Min./Max. 1988-2017): im Mittel 13,2°C / 24,6°C
Extremwerte: 5,8°C (1988) / 33,5°C (2003)
Sonne: 5:49 – 21:04
Mond: A 5:48 – U 21:38
Schweizer Bundesfeier
Tag °C
Nacht °C

2 Fr Frankfurt/M. (Min./Max. 1988-2017): im Mittel 14,8°C / 26,7°C
Extremwerte: 6,9°C (1988) / 36,5°C (2003)
Sonne: 5:51 – 21:02
Mond: A 7:10 – U 22:12
Tag °C
Nacht °C

3 Sa Stuttgart (Min./Max. 1988-2017): im Mittel 13,8°C / 25,4°C
Extremwerte: 7,3°C (1989) / 36,3°C (2003)
Sonne: 5:52 – 21:00
Mond: A 8:34 – U 22:41
Tag °C
Nacht °C

4 So Augsburg (Min./Max. 1988-2017): im Mittel 12,6°C / 25,0°C
Extremwerte: 4,3°C (2007) / 34,6°C (2013)
Sonne: 5:53 – 20:59
Mond: A 9:57 – U 23:06
Tag °C
Nacht °C

Nebelkühlung

Die Sommerhitze lässt sich durch den Einsatz von „Nebelkühlung" abmildern. Dazu wird Wasser mit sehr hohem Druck durch feine Düsen gepresst. Es entstehen winzige Tropfen, die schnell verdunsten und dabei der Umgebung Wärme entziehen. Eine derartige Verdunstungskälte ist auch zu spüren, wenn sich Schweiß auf der Haut bildet. Mithilfe der Nebelkühlung kann die Temperatur auf überhitzten Terrassen um einige Grad gesenkt werden. Auch manche Veranstaltungen setzen auf Nebelkühlung. Das Bild oben entstand während des „Film Festival 2017" auf dem Wiener Rathausplatz.

Feuerwerk im Regen

Das Konstanzer Seenachtfest wird seit 1949 jedes Jahr am zweiten Samstag im August gefeiert (im Jahr 2019 am 10. August). In der Schweizer Nachbarstadt Kreuzlingen läuft parallel das Fantastical. Am Abend gibt es zeitlich aufeinander abgestimmt zwei große Feuerwerke – in Konstanz mit musikalischer Untermalung, auf Schweizer Seite ohne Musik. Dabei stellt Regenwetter aus technischer Sicht kein Problem dar. Nur wenn durch starken Wind ein Sicherheitsrisiko besteht, muss das Feuerwerk abgesagt werden. Besonders ungemütlich war es am Abend des 14. August 2010. Damals setzte um 19 Uhr ergiebiger Dauerregen ein, aber von den befürchteten Überschwemmungen und Gewittern blieb Konstanz verschont.

Im Jahr 2018 fand das Seenachtfeuerwerk bei 18 °C und nur leicht bewölktem Himmel statt.

5 Mo
Hamburg (Min./Max. 1988-2017): im Mittel 13,6°C / 23,5°C — Sonne: 5:55 – 20:57
Extremwerte: 7,2°C (2005) / 37,3°C (1992) — Mond: A 11:18 – U 23:30
Tag °C
Nacht °C

6 Di
Berlin (Min./Max. 1988-2017): im Mittel 15,3°C / 25,6°C — Sonne: 5:56 – 20:56
Extremwerte: 9,0°C (2016) / 38,0°C (2015) — Mond: A 12:36 – U 23:53
Tag °C
Nacht °C

7 Mi
Düsseldorf (Min./Max. 1988-2017): im Mittel 14,4°C / 24,9°C — Sonne: 5:58 – 20:54
Extremwerte: 6,4°C (2016) / 38,5°C (2003) — Mond: A 13:53 – U - -
◐
Tag °C
Nacht °C

8 Do
Erfurt (Min./Max. 1988-2017): im Mittel 13,1°C / 24,3°C — Sonne: 5:59 – 20:52
Extremwerte: 4,3°C (2016) / 36,0°C (1992) — Mond: U 0:19 – A 15:07
Tag °C
Nacht °C

9 Fr
Frankfurt/M. (Min./Max. 1988-2017): im Mittel 14,9°C / 26,5°C — Sonne: 6:01 – 20:50
Extremwerte: 6,1°C (2016) / 38,7°C (2003) — Mond: U 0:57 – A 16:18
Tag °C
Nacht °C

10 Sa
Stuttgart (Min./Max. 1988-2017): im Mittel 13,8°C / 25,0°C — Sonne: 6:02 – 20:49
Extremwerte: 5,7°C (1990) / 37,0°C (2015) — Mond: U 1:20 – A 17:24
Tag °C
Nacht °C

11 So
Augsburg (Min./Max. 1988-2017): im Mittel 12,3°C / 24,6°C — Sonne: 6:04 – 20:47
Extremwerte: 5,3°C (2005) / 35,9°C (1992) — Mond: U 2:00 – A 18:23
Tag °C
Nacht °C

12 Mo
Hamburg (Min./Max. 1988-2017): im Mittel 13,2°C / 22,6°C
Extremwerte: 6,5°C (2016) / 34,4°C (2003)
Sonne: 6:05 – 20:45
Mond: U 2:46 – A 19:15
Tag °C
Nacht °C

13 Di
Berlin (Min./Max. 1988-2017): im Mittel 14,7°C / 24,5°C
Extremwerte: 8,8°C (2016) / 35,2°C (2001)
Sonne: 6:07 – 20:43
Mond: U 3:39 – A 19:57
Tag °C
Nacht °C

14 Mi
Düsseldorf (Min./Max. 1988-2017): im Mittel 13,9°C / 24,1°C
Extremwerte: 6,2°C (1994) / 36,8°C (2003)
Sonne: 6:08 – 20:41
Mond: U 4:39 – A 20:32
Tag °C
Nacht °C

15 Do
Mariä Himmelfahrt
Erfurt (Min./Max. 1988-2017): im Mittel 12,7°C / 23,5°C
Extremwerte: 6,2°C (2016) / 34,9°C (1998)
Sonne: 6:10 – 20:40
Mond: U 5:41 – A 21:00
○
Tag °C
Nacht °C

16 Fr
Frankfurt/M. (Min./Max. 1988-2017): im Mittel 14,5°C / 25,6°C
Extremwerte: 8,2°C (1992) / 38,4°C (2003)
Sonne: 6:11 – 20:38
Mond: U 6:45 – A 21:25
Tag °C
Nacht °C

17 Sa
Stuttgart (Min./Max. 1988-2017): im Mittel 13,4°C / 24,6°C
Extremwerte: 6,3°C (1990) / 37,7°C (2003)
Sonne: 6:12 – 20:36
Mond: U 7:50 – A 21:46
Tag °C
Nacht °C

18 So
Augsburg (Min./Max. 1988-2017): im Mittel 12,2°C / 24,2°C
Extremwerte: 5,6°C (2008) / 36,0°C (2003)
Sonne: 6:14 – 20:34
Mond: U 8:54 – A 22:05
Tag °C
Nacht °C

15. August: „Schön Wetter zu Mariä Himmelfahrt verkündet Wein von bester Art."

Der Spätsommer ist entscheidend für den Weinjahrgang. Besonders zu dieser Zeit des Jahres ist viel Sonnenschein erwünscht. Wenn in den Monaten zuvor ausreichend Regen gefallen ist, sind auch längere Trockenperioden kein Problem. Dies gilt vor allem für ältere Weinreben, die sehr tief wurzeln. Von den Winzern gefürchtet werden dagegen zu viel Regen und Hagel.

Wirbel-Sturm

In der schweizerischen Gemeinde Genthod setzte am Abend des 18. August 2017 plötzlich heftiger Wind ein. Die Bäume rauschten und von einem Haus lösten sich auch Dachziegel, ohne dass es zu Verletzten kam. Ursache waren keine normalen Wetterphänomene, sondern die Wirbelschleppen einer landenden Boeing 777. Genthod liegt in der Anflugschneise des Genfer Flughafens. Wirbelschleppen hinter Flugzeugen sind in allen Flugphasen ein normales Phänomen, führen aber nur sehr selten zu solchen Auswirkungen wie in diesem Fall.

Wetter und Garten

Im Spätsommer lässt sich noch eine zweite Anbauphase im Gemüsebeet beginnen. Dazu geeignet sind schnell wachsende Sorten wie Salat, Kohlrabi, Grünkohl, Mangold und Radieschen. Wichtig ist es, den geeigneten Zeitpunkt für die Pflanzung zu finden. Ideal ist ein nicht zu heißer Tag, am besten nach einem Regenschauer. Dann ist der Boden kühl und feucht und die Pflanzen können besser anwachsen. Wenn die Erde sehr ausgetrocknet ist, sollte sie schon am Vortag ausgiebig gewässert werden.

Stundenlange Gewitter

Am 21. August 2017 war die Luft von Skandinavien bis ins östliche Mitteleuropa besonders in größeren Höhen sehr kalt. Im Bereich der Ostsee betrug die Temperaturdifferenz zwischen der Wasseroberfläche und gut 5,5 km Höhe („500 hPa-Fläche“) etwa 40 Grad. In der damit sehr labil geschichteten und außerdem feuchten Luft entstanden bereits während der Nachtstunden einige Schauerstraßen. In Danzig wurden 19 mm Regen gemessen und über Stunden hinweg Gewitter gemeldet.

19 Mo
Hamburg (Min./Max. 1988-2017): im Mittel 13,0°C / 22,5°C
Extremwerte: 5,6°C (2014) / 34,4°C (2012)
Sonne: 6:15 – 20:32
Mond: U 9:59 – A 22:24
Tag °C
Nacht °C

20 Di
Berlin (Min./Max. 1988-2017): im Mittel 14,3°C / 24,3°C
Extremwerte: 8,6°C (2014) / 35,4°C (2012)
Sonne: 6:17 – 20:30
Mond: U 11:03 – A 22:43
Tag °C
Nacht °C

21 Mi
Düsseldorf (Min./Max. 1988-2017): im Mittel 13,5°C / 23,7°C
Extremwerte: 6,1°C (1999) / 36,9°C (2012)
Sonne: 6:18 – 20:28
Mond: U 12:09 – A 23:03
Tag °C
Nacht °C

22 Do
Erfurt (Min./Max. 1988-2017): im Mittel 12,4°C / 23,3°C
Extremwerte: 5,0°C (1999) / 34,4°C (2012)
Sonne: 6:20 – 20:26
Mond: U 13:16 – A 23:27
Tag °C
Nacht °C

23 Fr
Frankfurt/M. (Min./Max. 1988-2017): im Mittel 14,0°C / 25,2°C
Extremwerte: 5,6°C (1993) / 36,4°C (2009)
Sonne: 6:21 – 20:24
Mond: U 14:25 – A 23:55
Tag °C
Nacht °C

24 Sa
Stuttgart (Min./Max. 1988-2017): im Mittel 13,1°C / 24,4°C
Extremwerte: 6,0°C (1990) / 35,2°C (2012)
Sonne: 6:23 – 20:22
Mond: U 15:34 – A - -
Tag °C
Nacht °C

25 So
Augsburg (Min./Max. 1988-2017): im Mittel 11,8°C / 23,9°C
Extremwerte: 5,1°C (2014) / 33,9°C (2012)
Sonne: 6:24 – 20:20
Mond: A 0:30 – U 16:43
Tag °C
Nacht °C

26 Mo
Hamburg (Min./Max. 1988-2017): im Mittel 11,6°C / 20,7°C
Extremwerte: 3,8°C (2014) / 31,2°C (2001)
Sonne: 6:26 – 20:18
Mond: A 1:14 – U 17:47
Tag °C
Nacht °C

27 Di
Berlin (Min./Max. 1988-2017): im Mittel 13,0°C / 22,4°C
Extremwerte: 7,0°C (2007) / 35,6°C (2015)
Sonne: 6:27 – 20:16
Mond: A 2:10 – U 18:43
Tag °C
Nacht °C

28 Mi
Düsseldorf (Min./Max. 1988-2017): im Mittel 12,3°C / 21,8°C
Extremwerte: 5,0°C (1993) / 35,1°C (2001)
Sonne: 6:29 – 20:14
Mond: A 3:19 – U 19:29
Tag °C
Nacht °C

29 Do
Erfurt (Min./Max. 1988-2017): im Mittel 11,2°C / 21,4°C
Extremwerte: 3,8°C (1993) / 33,6°C (2015)
Sonne: 6:30 – 20:12
Mond: A 4:38 – U 20:07
Tag °C
Nacht °C

30 Fr
Frankfurt/M. (Min./Max. 1988-2017): im Mittel 12,9°C / 23,3°C
Extremwerte: 5,0°C (1993) / 35,3°C (2016)
Sonne: 6:32 – 20:10
Mond: A 6:02 – U 20:39
●
Tag °C
Nacht °C

31 Sa
Stuttgart (Min./Max. 1988-2017): im Mittel 11,8°C / 22,4°C
Extremwerte: 3,8°C (1998) / 34,4°C (2011)
Sonne: 6:33 – 20:08
Mond: A 7:28 – U 21:06
Tag °C
Nacht °C

Vielseitiger Raps

Raps entstand vermutlich aus einer natürlichen Kreuzung zwischen Kohl und Rübsamen. Im Mittelalter begann man, aus den Samen Öl zu gewinnen, und Rüböl aus Raps löste Talg als Lampenöl ab. Später diente es als Schmiermittel in Dampfmaschinen und als Grundstoff für die Seifenherstellung. Heute ist Raps die bedeutendste Ölfrucht in Deutschland. Die Rapsernte beginnt Mitte Juli. Da die Schoten und damit die Körner ungleichmäßig ausreifen, ist der richtige Zeitpunkt für die Ernte schwer zu bestimmen. Meist wird mit der Ernte begonnen, wenn 20 bis 30 Prozent der Körner schwarz sind und der Wassergehalt zwischen 5 und 10 Prozent liegt. Rapssamen haben einen Ölgehalt von 40 bis 45 Prozent. Aus dem Ertrag von einem Hektar Raps können etwa 2000 Liter Rapsöl gepresst werden. Ende August wird mit der Aussaat von Winterraps begonnen. Bis zum Ende der Vegetationsperiode soll sich die bodennahe Blattrosette ausbilden.

Monatsthema

Ein Jahr der Extreme für die Gletscher

Im Hitzesommer 2018 verzeichneten die Alpengletscher massive Eisverluste. Ohne die zum Teil großen Winterschneemengen wäre die Schmelze noch viel dramatischer ausgefallen. Mit einer Häufung von Extremjahren haben die Gletscher in der Schweiz in den vergangenen 10 Jahren rund ein Fünftel ihres Volumens verloren.

Bericht aus der Schweiz

Nach drei mageren Wintern war der Winter 2017/18 in den Schweizer Bergen sehr schneereich. Nach einem frühen Winterstart Anfang November und überdurchschnittlichen Schneefällen im Dezember war vor allem der Januar extrem niederschlagsreich, aber auch rekordmäßig warm. Der Niederschlag fiel in tieferen Lagen meist als Regen, wodurch die Schneehöhen unterhalb von 1000 m vielfach nur noch halb so groß waren wie im langjährigen Mittel. In hohen Lagen gab es dagegen von Ende Dezember bis Ende Januar gebietsweise 2,5 bis 6 Meter Neuschnee. Am meisten schneite es im Wallis. In den Vispertälern fiel so viel Schnee, wie nur alle 70 Jahre zu erwarten ist (Abb. 8.1). Bis Ende März lag oberhalb von 2000 m immer noch bis zu doppelt so viel Schnee wie üblich. Die Schneehöhen waren die größten der letzten 20 Jahre. In den sehr warmen und trockenen Monaten April und Mai nahm der Schnee dann aber markant ab und erreichte im Laufe des Frühlings normale Werte. Entsprechend aperten die Schnee-Messfelder trotz der großen Winterschneemengen nicht später aus als üblich.

Abb. 8.1: Nach heftigen Schneefällen war Zermatt am 9. Januar 2018 wegen großer Lawinengefahr von der Außenwelt abgeschnitten.

Der Sommer 2018 (Juni bis August) war der drittwärmste nach 2003 und 2015 seit Messbeginn, das Sommerhalbjahr (April bis September) das wärmste überhaupt. Neben den hohen Temperaturen war die Trockenheit ein prägendes Merkmal des Sommerhalbjahres. Dies führte dazu, dass nur sehr wenig Neuschnee auf den Gletschern fiel. So gab es zum Beispiel auf dem Weissfluhjoch (2540 m) zwischen dem 17. Mai und 4. September kein einziges Ereignis mit mehr als 1 cm Neuschnee. Seit Messbeginn vor 81 Jahren gab es dort noch nie so wenig Sommerneuschnee. An 87 Prozent aller Sommertage sank die Temperatur auch auf dieser Höhe nie unter den Gefrierpunkt.
Die Massenbilanz der Gletscher, also der Unterschied zwischen Zuwachs durch Schnee und Verlust durch Schmelze, ist gemäß der Messungen auf 20 Schweizer Gletschern in allen Landesteilen einmal mehr stark negativ. Der Schutz durch die dicke Winterschneedecke reichte angesichts der anhaltenden

Abb. 8.2: Die häufigen Südströmungen sorgten im April und Mai 2018 für umfangreiche Ablagerungen von Saharastaub, der die Gletscheroberflächen verdunkelte und so die Schneeschmelze noch beschleunigte (im Bild der Blick über Innsbruck bei Dunst durch Saharastaub am 8. April 2018).

Hitzephasen im Sommer bei weitem nicht aus und die Gletscher verloren bis Ende September massiv an Volumen. Viele Gletscher büßten 1,5 bis 2 Meter mittlere Eisdicke ein, teilweise auch deutlich mehr. Für alle rund 1500 Schweizer Gletscher zusammen wird für das hydrologische Jahr 2017/18 ein Verlust von rund 1400 Millionen Kubikmeter Eis geschätzt. Das aktuell noch vorhandene Gletschervolumen ist somit allein 2018 um über 2,5 Prozent zurückgegangen. Aufsummiert über die letzten zehn Jahre ging ungefähr ein Fünftel des Gletschereises verloren. Mit dem Schmelzwasser könnte die gesamte Fläche der Schweiz mit einer 25 cm hohen Wasserschicht gleichmäßig bedeckt werden. Die Häufung von Hitzesommern macht vor allem kleinen Gletschern stark zu schaffen, viele von ihnen zerfallen immer mehr.

Der Sommer in Österreich und Südtirol

Nördlich des Alpenhauptkamms war die Schneelage am Ende des Winter 2017/18 unterdurchschnittlich. Hier wirkte sich der Sommer 2018 daher besonders drastisch aus. Schon Anfang Juni waren die ersten Gletscherzungen schneefrei, und der Schnee taute bis zu den höchsten Gipfeln Österreichs (Abb.8.2). Auf dem Vernagtferner in den Ötztaler Alpen gab es im Spätsommer nur mehr rudimentäre Schneerücklagen aus dem Winter. Einige Gletscher aperten fast vollständig bis in die Gipfelbereiche aus, wie

Abb. 8.3: Auf dem Südtiroler Weißbrunnferner im Ultental werden seit 2018 aufgrund der erhöhten Steinschlaggefahr die Massenbilanzmessungen nur mehr an drei Pegeln weitergeführt (links der Gletscher im Jahr 1983, rechts im Sommer 2018).

beispielsweise der Hallstätter Gletscher (Dachstein). Hier lag am Ende des Sommers nur an sehr kleinen, besonders geschützten Flächen unter Felswänden maximal ein halber Meter Schnee aus dem Winter. An der Zunge schmolzen mehr als fünf Meter Eis. Der Aufstieg über die Randkluft zum Gipfel musste gesperrt werden. Es kam auch zu Felsstürzen; der Staub aus diesen Ereignissen war über den Gletscher verteilt sichtbar. Der Jamtalferner im österreichischen Teil der Silvretta zählte 2018 wieder zu den am stärksten von der Schmelze betroffenen Gletschern. Die dort unterdurchschnittliche Schneedecke aus dem Winter führte im Zusammenspiel mit der geringen Höhe des Gletschers erneut früh im Jahr zur vollständigen Abschmelzung des Winterschnees. Bei Gletschern, die im Gleichgewicht mit dem Klima sind, sind typischerweise am Ende des Sommers zwei Drittel ihrer Fläche mit Schnee bedeckt. Der vollkommene Verlust der Winterschneedecke ist also ein sehr ungewöhnlicher Vorgang, der auf dem Jamtalferner in den letzten Jahren aber schon wiederholt vorgekommen ist. Die Oberfläche wird durch den Verlust von Firnschichten und die zunehmende Häufigkeit von Felsstürzen auf den Gletscher sehr dunkel, was die Eisschmelze noch einmal beschleunigt. Die sehr lange und ungewöhnlich warme Schmelzperiode hat auch den Gletschern Südtirols sehr viel Substanz gekostet, obwohl der Winter hier zuvor mehr Schnee als in den Nordalpen brachte. Über die Fläche gemittelt schmolzen etwa zwei Meter Eis ab. Im Westen Südtirols war der Eisverlust im Sommer 2018 sogar größer als im bisher extremsten Jahr 2003 (Abb. 8.3). Die zurückschmelzenden Zungen geben auch eine Reihe von Mulden frei, in denen sich neue Seen bilden.

Nach einer ungewöhnlich langen Fortsetzung der Schmelzsaison bis in den Oktober 2018 hinein, war es für die Gletscher jedoch günstig, dass Ende Oktober im Hochgebirge große Neuschneemengen fielen, die sich im Gegensatz zu winterlichem Pulverschnee gut verfestigen. Für eine Trendumkehr bei der Gletscherschmelze wären aber viele kühle Sommer mit Neuschnee in den Hochlagen nötig.

In Schottland beginnt im September wieder die Regenbo-
gen-Saison. Mit tieferem Sonnenstand sind die Regenbö-
gen dann auch während der Mittagsstunden zu sehen.
Dazu nötig sind natürlich die passenden Wetterlagen mit
Schauerwolken und Sonnenschein im Wechsel. Mit der
Zunahme der atlantischen Tiefs im Herbst gibt es in
Schottland mehr Tage mit Regenbogenwetter als in Mit-
teleuropa. Das Bild oben entstand am 27. September 2012
in Inveraray am Meeresarm Loch Fyne, 65 km nordwest-
lich von Glasgow gelegen. An diesem Tag zog eine schwa-
che Okklusionsfront über Schottland zur Nordsee. Zu
sehen waren ein Nebenregenbogen (oben), der Hauptre-
genbogen und darunter überzählige Bögen, die soge-
nannten Interferenzregenbögen. Daraus kann man auf
Tropfengrößen um 0,5 mm schließen.

Wetter und Natur

Farbenprächtige Salzseen

Der Große Salzsee nördlich von Salt Lake City im US-Bundesstaat Utah ist durch einen Bahndamm in einen nördlichen und einen südlichen Teil getrennt. Seit Dezember 2016 gibt es einen kleinen Durchfluss durch den Damm, dennoch ist der Salzgehalt in den beiden Seehälften unterschiedlich. Das Wasser im nördlichen, salzigeren Teil des Sees enthält rosafarbene Mikroben, die Karotinoide beinhalten. Der südliche Teil ist dagegen aufgrund dreier Zuflüsse weniger salzig. Dort finden sich andere Mikroben, ihre Farbe ist grün-bläulich. Die Farbtöne des Wassers variieren im Laufe der Jahreszeiten. Besonders intensiv erscheint das Blau im Süden im Mai, wenn unzählige Salzwassergarnelen schlüpfen. Diese fressen grüne Mikroben, die Farbe des Wassers ändert sich so in ein noch tieferes Blau. Die Rosafärbung des Wassers im Norden ist dagegen im Sommer und Herbst besonders ausgeprägt, da sich die Mikroben zu dieser Zeit stark vermehren.

Außergewöhnliche Färbungen von Salzseen finden sich auf der ganzen Welt, einige Beispiele: Lake Hillier in Australien, Yuncheng in China, Pink Lagoon Las Coloradas in Mexiko und Salinas de Torrevieja in Spanien. In den meisten Fällen ist die Ursache der Färbungen geklärt. Rätsel gibt dagegen der westaustralische Lake Hillier auf. Er zeigt sich das ganze Jahr über strahlend rosafarben. Man nimmt an, dass die Konzentration aus verschiedenen organischen und anorganischen Stoffen sowie diversen Bakterien und Algen die Rosafärbung verursacht. Bemerkenswert ist, dass das Hillier-Wasser auch dann noch rosa ist, wenn es entnommen und in ein Gefäß gegeben wird.

Anfang September 2018 war die Rosafärbung des Wassers in der Nordhälfte des Großen Salzsees besonders auffällig.

September in Salt Lake City

Salt Lake City (40° 45' N, 111° 54' W) liegt im Tal des Großen Salzsees in einer Höhe von 1288 m. Die Jahresmitteltemperatur ist dort ähnlich wie am Oberrhein, die Winter sind in Salt Lake City aber kälter und schneereicher, die Sommer wärmer und trockener. Im September erreichen die mittleren Höchstwerte 26 °C, der Hitzerekord liegt bei 38 °C. Nachts sinkt die Temperatur im Mittel auf 12 °C. In der zweiten Septemberhälfte sind die ersten leichten Nachtfröste möglich. Der früheste Termin für den ersten Schneefall war der 17. September 1965. Häufiger gibt es im September noch die letzten sommerlichen Gewitter. Diese bringen teilweise nur Blitze, in der trockenen Luft aber keinen Regen und können daher Auslöser für Brände sein. Die mittlere monatliche Regenmenge beträgt im September knapp über 30 mm. Der September 1982 brachte einen Regenrekord von 179 mm, verantwortlich dafür waren die Reste von Hurrikan „Olivia".

Wetterwissen

„Feuchter" Mond

Die Bodenproben, die die Apollo-Astronauten vom Mond gebracht hatten, enthielten Spuren von Wasser. Seinerzeit vermutete man, dass das Mondgestein durch die feuchte texanische Luft kontaminiert wurde. In den letzten Jahren haben aber mehrere Raumsonden unabhängig voneinander bestätigt, dass es auf der Mondoberfläche Gesteinskügelchen gibt, die Hydroxyl enthalten, eine Verbindung aus einem Sauerstoff- und einem Wasserstoffatom. Sie entsteht, wenn Sonnenlicht Wasser spaltet. Außerdem liegt Wassereis an den Mondpolen in Kratern, deren Boden das Sonnenlicht nie erreicht.

Der Mond wird manchmal aber auch bei der Beobachtung von der Erde aus mit Wasser in Verbindung gebracht. Die Mondsichel kann nämlich ganz flach wie ein Boot am Himmel stehen. So wird in den Mythen und Sagen südlicher Länder der Mond zum Teil als Schiff interpretiert. Im englischen Sprachraum gibt es die Bezeichnung „wet moon" (feuchter Mond) für eine liegende Mondsichel, in der sich Wasser sammeln könnte. Solche Mondsicheln kommen kurz nach Neumond in der Abenddämmerung im März/April vor oder kurz vor Neumond in der Morgendämmerung im September/Oktober. Aber oft ist die dann sehr schmale Mondsichel nur schwer am Himmel zu erkennen.

Diese Aufnahme einer fast liegenden Mondsichel entstand in der Nähe von München am Morgen des 18. Oktober 2017. Im Jahr 2019 gibt es am 29. September eine ähnliche Konstellation. Die optimale Beobachtungszeit liegt im Nordosten von Deutschland gegen 6:35 Uhr MESZ, im Südwesten gegen 6:55 Uhr - klare Luft und wolkenfreier Himmel über dem Osthorizont vorausgesetzt.

Typische Wetterlagen im September

Süd, Südwest: Im Westen und Norden teilweise bewölkt mit etwas Regen, nach Osten hin Wechsel zwischen Sonne und Wolkenfeldern. Spätsommerlich warm mit Höchstwerten zwischen 22 und 26 °C (manchmal auch bis 30 °C), in der ersten Monatshälfte teils noch schwül und gewittrig.

West, Tiefdrucklage über Mitteleuropa: Wechselhaftes Wetter. Durchzug von Fronten mit Regen, dazwischen vorübergehend sonnige Phasen. Wechsel zwischen warmer Meeresluft mit Temperaturen von 18 bis 23 °C und kalter Meeresluft mit 14 bis 20 °C.

Nordwest, Nord, Nordost: Wechselhaftes Wetter. Besonders nach Osten hin und am Nordalpenrand öfter Regen, Schnee manchmal bis in Lagen unter 1500 m herab. Kühl bei Temperaturen von 11 bis 17 °C, nur bei längerem Sonnenschein um 20 °C. In klaren Nächten leichter Frost um -2 °C möglich.

Ost, Südost, Hochdrucklage über Mitteleuropa: In den Morgenstunden im Monatsverlauf zunehmende Nebelneigung, sonst viel Sonne. Tagsüber angenehm warm bei 17 bis 22 °C (örtlich bis 24 °C), nachts kühl bei Temperaturen zwischen 2 und 8 °C. In der zweiten Monatshälfte Gefahr von leichtem Frost bis -2°C. Diese Wetterlage dauert in manchen Jahren ein bis zwei Wochen an.

Schnee im Hochgebirge

Anfang September 2017 erreichte die Schneehöhe auf der Zugspitze 60 cm.

1 So Augsburg (Min./Max. 1988-2017): im Mittel 10,5°C / 21,8°C — Sonne: 6:35 – 20:05
Extremwerte: 2,7°C (1989) / 33,8°C (2011) — Mond: A 8:52 – U 21:31

Klimatologischer Herbstanfang

Tag °C

Nacht °C

2 Mo
Hamburg (Min./Max. 1988-2017): im Mittel 11,0°C / 20,2°C
Extremwerte: 3,4°C (1996) / 28,0°C (2013)
Sonne: 6:36 – 20:03
Mond: A 10:15 – U 21:55
Tag °C
Nacht °C

3 Di
Berlin (Min./Max. 1988-2017): im Mittel 12,0°C / 21,0°C
Extremwerte: 6,4°C (2007) / 30,0°C (2016)
Sonne: 6:38 – 20:01
Mond: A 11:36 – U 22:20
Tag °C
Nacht °C

4 Mi
Düsseldorf (Min./Max. 1988-2017): im Mittel 11,8°C / 21,2°C
Extremwerte: 4,4°C (1996) / 32,9°C (2013)
Sonne: 6:39 – 19:59
Mond: A 12:54 – U 22:48
Tag °C
Nacht °C

5 Do
Erfurt (Min./Max. 1988-2017): im Mittel 10,2°C / 19,9°C
Extremwerte: 2,8°C (2003) / 29,1°C (2005)
Sonne: 6:41 – 19:57
Mond: A 14:08 – U 23:20
Tag °C
Nacht °C

6 Fr
Frankfurt/M. (Min./Max. 1988-2017): im Mittel 11,7°C / 21,9°C
Extremwerte: 2,6°C (1996) / 31,2°C (2013)
Sonne: 6:42 – 19:55
Mond: A 15:17 – U 23:58
Tag °C
Nacht °C

7 Sa
Stuttgart (Min./Max. 1988-2017): im Mittel 10,7°C / 20,8°C
Extremwerte: 2,4°C (1993) / 30,3°C (2016)
Sonne: 6:44 – 19:53
Mond: A 16:19 – U - -
Tag °C
Nacht °C

8 So
Augsburg (Min./Max. 1988-2017): im Mittel 9,5°C / 20,1°C
Extremwerte: 1,8°C (2003) / 28,3°C (2011)
Sonne: 6:45 – 19:50
Mond: U 0:42 – A 17:13
Tag °C
Nacht °C

6. September: „St. Mang schlägt's Kraut mit der Stang."

Sankt Mang, wie der heilige Magnus im Allgäu genannt wird, soll etliche Wunder gewirkt haben. So bezwang er die Schlange Boa bei Kempten und einen Drachen, der ihm bei Roßhaupten den Weg versperrte. Dazu besiegte er die Berg- und Flussgeister am Lech bei Füssen. Obige Regel bezieht sich auf seinen Wanderstab: Wo er ihn in den Boden stieß, vernichtete er alle Feldschädlinge wie Würmer, Raupen oder Mäuse. Im Gegensatz zu den Winzern hoffen die Kohlbauern in den letzten Wochen vor der Ernte auf wechselhaftes Wetter mit ausreichend Regen, damit die Kohlköpfe von Wirsing, Rot- und Weißkohl noch möglichst dick werden.

Schwere Herbstgewitter

Am 8. September 2015 entstanden über Algerien und Tunesien heftige Gewitter. Das 27 °C warme Mittelmeer lieferte in den unteren Luftschichten zusätzliche Feuchtigkeit. So bildete sich daraus ein großer Gewitterkomplex, der auf Sizilien und anschließend auch in Kalabrien für Überschwemmungen sorgte.

Schnee in Südafrika

Normalerweise dauert der Winter in Südafrika etwa von Mitte Juni bis Mitte August. In dieser Zeit ist vor allem in den Hochebenen des Landes Schnee keine Seltenheit. Der Winter 2018 war einer der kältesten, die am Kap je gemessen worden sind. Viel Schnee fiel im Juli. Eine späte Kältewelle sorgte Anfang September 2018 noch einmal für Regen, Wind und eisige Temperaturen. In höheren Gebieten des West- und Ostkaps sowie in KwaZulu-Natal schneite es. Die Giraffen in Karoo, einer wüstenartigen Landschaft in den Hochebenen, standen im Schnee. Auch die Elefanten im Gebiet der Sneeuberge („Schneeberge“) wurden eingeschneit.

Ein ungewohnter Anblick, aber für die südafrikanischen Wildtiere ist Schnee kein Problem.

9 Mo
Hamburg (Min./Max. 1988-2017): im Mittel 10,9°C / 19,4°C — Sonne: 6:47 – 19:48
Extremwerte: 2,8°C (1998) / 30,1°C (2016) — Mond: U 1:34 – A 17:58
Tag °C
Nacht °C

10 Di
Berlin (Min./Max. 1988-2017): im Mittel 11,6°C / 20,3°C — Sonne: 6:48 – 19:46
Extremwerte: 5,3°C (2008) / 32,0°C (2016) — Mond: U 2:32 – A 18:35
Tag °C
Nacht °C

11 Mi
Düsseldorf (Min./Max. 1988-2017): im Mittel 11,5°C / 20,5°C — Sonne: 6:50 – 19:44
Extremwerte: 4,8°C (1991) / 32,6°C (2016) — Mond: U 3:33 – A 19:05
Tag °C
Nacht °C

12 Do
Erfurt (Min./Max. 1988-2017): im Mittel 9,9°C / 19,1°C — Sonne: 6:51 – 19:42
Extremwerte: 3,5°C (1991) / 31,4°C (2016) — Mond: U 4:37 – A 19:30
Tag °C
Nacht °C

13 Fr
Frankfurt/M. (Min./Max. 1988-2017): im Mittel 11,4°C / 21,2°C — Sonne: 6:53 – 19:39
Extremwerte: 3,4°C (1997) / 32,8°C (2016) — Mond: U 5:42 – A 19:52
Tag °C
Nacht °C

14 Sa
Stuttgart (Min./Max. 1988-2017): im Mittel 10,2°C / 20,2°C — Sonne: 6:54 – 19:37
Extremwerte: 2,3°C (1996) / 31,5°C (2016) — Mond: U 6:46 – A 20:11
○
Tag °C
Nacht °C

15 So
Augsburg (Min./Max. 1988-2017): im Mittel 8,7°C / 19,4°C — Sonne: 6:56 – 19:35
Extremwerte: 0,9°C (2012) / 29,5°C (2011) — Mond: U 7:51 – A 20:30
Tag °C
Nacht °C

16 Mo Hamburg (Min./Max. 1988-2017): im Mittel 9,4°C / 17,9°C
Extremwerte: 2,0°C (1997) / 28,5°C (2003)
Sonne: 6:57 – 19:33
Mond: U 8:56 – A 20:48

Tag °C

Nacht °C

17 Di Berlin (Min./Max. 1988-2017): im Mittel 10,1°C / 18,8°C
Extremwerte: 4,3°C (1997) / 29,7°C (2003)
Sonne: 6:59 – 19:31
Mond: U 10:01 – A 21:08

Tag °C

Nacht °C

18 Mi Düsseldorf (Min./Max. 1988-2017): im Mittel 10,2°C / 19,3°C
Extremwerte: 3,0°C (2008) / 30,3°C (2003)
Sonne: 7:00 – 19:28
Mond: U 11:07 – A 21:30

Tag °C

Nacht °C

19 Do Erfurt (Min./Max. 1988-2017): im Mittel 8,2°C / 17,9°C
Extremwerte: 0,0°C (2008) / 29,3°C (2003)
Sonne: 7:02 – 19:26
Mond: U 12:15 – A 21:55

Tag °C

Nacht °C

20 Fr Frankfurt/M. (Min./Max. 1988-2017): im Mittel 9,6°C / 19,7°C
Extremwerte: 3,0°C (2010) / 30,3°C (2003)
Sonne: 7:03 – 19:24
Mond: U 13:24 – A 22:27

Tag °C

Nacht °C

21 Sa Stuttgart (Min./Max. 1988-2017): im Mittel 8,3°C / 19,0°C
Extremwerte: 2,1°C (1996) / 30,2°C (2003)
Sonne: 7:05 – 19:22
Mond: U 14:31 – A 23:06

Tag °C

Nacht °C

22 So Augsburg (Min./Max. 1988-2017): im Mittel 7,2°C / 18,2°C
Extremwerte: 0,0°C (2008) / 30,3°C (1993)
Sonne: 7:06 – 19:20
Mond: U 15:35 – A 23:56

Tag °C

Nacht °C

Wetter und Garten

Die Aroniabeere ist auch als Schwarze Apfelbeere oder Schwarze Eberesche bekannt. Der Name „Apfelbeere" rührt daher, dass die Aroniapflanze zur Familie der Rosengewächse gehört, also mit dem Apfel verwandt ist. Diesem ähnelt sie auch in ihrem Aufbau mit Kernhaus und in ihrer Blüte. Ursprünglich stammt die Aroniabeere aus dem östlichen Nordamerika. Sie wurde vor etwa hundert Jahren nach Osteuropa gebracht. Heutzutage baut man sie in ganz Europa und in Sibirien an. Sie ist sehr frosthart, anspruchslos und gedeiht auch in Höhenlagen gut. Die Blüte beginnt Mitte Mai, die Früchte können von Mitte August bis Oktober geerntet werden.

Aroniabeeren sind etwa erbsengroß. Sie reifen nach der Ernte nicht nach.

Kaltfront mit Orkanböen

Am 23. September 2018 zog das Sturmtief „Fabienne“ mit seinem Zentrum über die Mitte Deutschlands ostwärts. Dabei herrschten große Temperaturgegensätze: Im Süden wurden bei Sonnenschein sommerliche Temperaturen um 25 °C erreicht, im regnerischen Norden waren es dagegen nur rund 11 °C. Am Nachmittag bildete sich an der Kaltfront eine Gewitterlinie („Squall Line“). Die Front zog rasch nach Südosten und war in Nordbayern und im nördlichen Baden-Württemberg am stärksten ausgeprägt. In Würzburg erreichten die Orkanböen 137 km/h. Die aus Konstanz gemeldete Windgeschwindigkeit von 149 km/h war rätselhaft, denn von dort wurden im Gegensatz zu den anderen Regionen keinerlei Schäden gemeldet.

Verheerende Sintflut

Es kommt immer wieder vor, dass Taiwan von einem Taifun getroffen wird und der Regen im Stau der Berge besonders extrem ausfällt. So brachte der Taifun „Megi“ am 27. September 2016 in Taipingshan im Nordosten von Taiwan innerhalb von 24 Stunden fast 1000 mm Regen.

23 Mo
Hamburg (Min./Max. 1988-2017): im Mittel 9,2°C / 17,2°C
Extremwerte: 1,8°C (2010) / 24,8°C (2000)
Sonne: 7:08 – 19:17
Mond: U 16:32 – A - -
Astronomischer Herbstanfang (9:50 MESZ)
Tag °C
Nacht °C

24 Di
Berlin (Min./Max. 1988-2017): im Mittel 9,7°C / 18,3°C
Extremwerte: 2,3°C (2002) / 27,7°C (2006)
Sonne: 7:09 – 19:15
Mond: A 0:58 – U 17:21
Tag °C
Nacht °C

25 Mi
Düsseldorf (Min./Max. 1988-2017): im Mittel 10,0°C / 18,7°C
Extremwerte: 3,2°C (2003) / 27,3°C (2016)
Sonne: 7:11 – 19:13
Mond: A 2:10 – U 18:02
Tag °C
Nacht °C

26 Do
Erfurt (Min./Max. 1988-2017): im Mittel 8,2°C / 17,0°C
Extremwerte: -0,4°C (2002) / 25,4°C (2011)
Sonne: 7:12 – 19:11
Mond: A 3:30 – U 18:35
Tag °C
Nacht °C

27 Fr
Frankfurt/M. (Min./Max. 1988-2017): im Mittel 9,8°C / 19,0°C
Extremwerte: 2,4°C (2002) / 26,2°C (2011)
Sonne: 7:14 – 19:09
Mond: A 4:54 – U 19:04
Tag °C
Nacht °C

28 Sa
Stuttgart (Min./Max. 1988-2017): im Mittel 8,2°C / 18,2°C
Extremwerte: 0,2°C (2002) / 27,2°C (1991)
Sonne: 7:15 – 19:06
Mond: A 6:20 – U 19:29
●
Tag °C
Nacht °C

29 So
Augsburg (Min./Max. 1988-2017): im Mittel 7,0°C / 17,4°C
Extremwerte: -1,8°C (2002) / 25,7°C (1991)
Sonne: 7:17 – 19:04
Mond: A 7:44 – U 19:53
Tag °C
Nacht °C

30 Mo	Hamburg (Min./Max. 1988-2017): im Mittel 7,9°C / 15,9°C Extremwerte: -1,3°C (1995) / 26,1°C (2011)	Sonne: 7:18 – 19:02 Mond: A 9:08 – U 20:18
Tag °C		
Nacht °C		

Blütenteppich im Herbst

Herbstzeitlosen wachsen vor allem auf feuchten, wenig genutzten Wiesen und Weiden.

Monatsthema

Eisdrift in der Arktis

Das Meereis auf dem Arktischen Ozean ist nicht fest verankert, sondern bewegt sich in zwei Hauptströmungen (Abb. 9.1). Die Transpolardrift führt von Sibirien nach Grönland. Sie transportiert große Eismengen durch die Framstraße in den Grönlandstrom entlang der Ostküste Grönlands. Der Beaufortwirbel dreht sich von oben gesehen im Uhrzeigersinn vor den Küsten Grönlands, Kanadas und Alaskas in der Region der Beaufortsee. Die Geschwindigkeit der Eisdrift schwankt etwa zwischen 0,2 und 1 km/h. Sie hat in weiten Teilen der Arktis seit 1992 um etwa 20 Prozent zugenommen. Dabei wird seit dem Jahr 2000 eine deutliche Beschleunigung beobachtet. Gründe hierfür sind die immer dünnere Eisdecke und in Teilen der Arktis höhere Windgeschwindigkeiten. Der norwegische Polarforscher Fridtjof Nansen entwickelte die Idee, sich mit einem packeistauglichen Schiff im Polareis einfrieren zu lassen, um so über den Nordpol bis zum Nordatlantik zu driften. In den Jahren 1893 bis 1896 fand die Expedition mit dem Segelschiff Fram erfolgreich statt, auch wenn der Nordpol dabei nicht erreicht wurde (Abb. 9.2).

Eisdriftstationen

Nordpol-1 lautete der Name der ersten Polarstation, die von der Sowjetunion Ende Mai 1937 auf einer driftenden Eisscholle nahe des Nordpols eingerichtet worden ist. Die Station bestand aus einem Zelt, einer Funk-

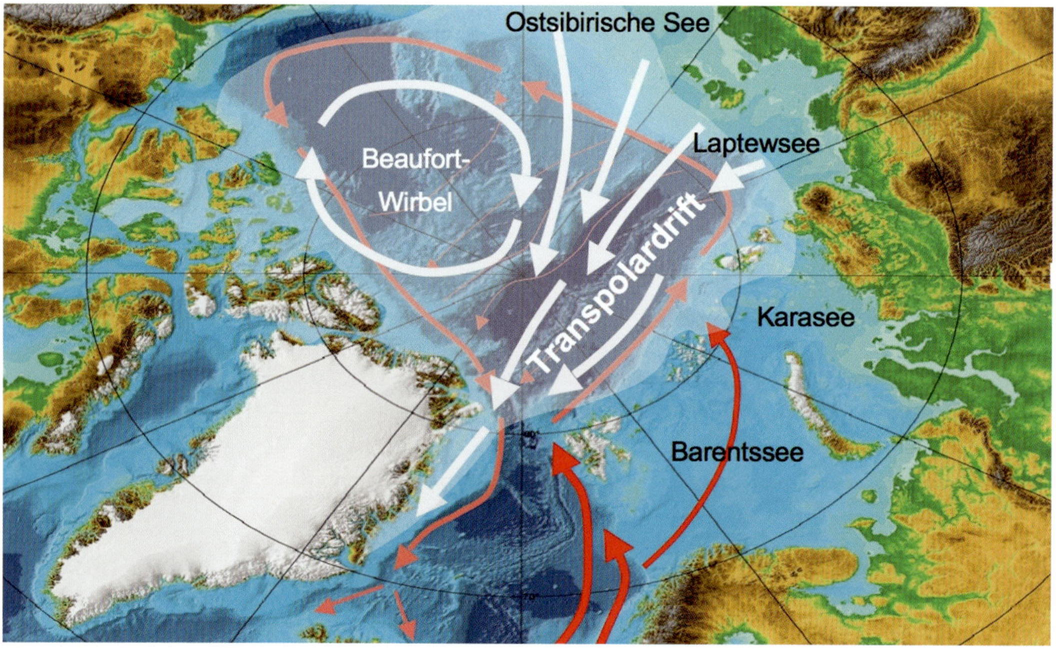

Abb. 9.1: Das Eis im Transpolarstrom wird nur drei, im Beaufort-Wirbel vier bis zehn Jahre alt, bevor es den Arktischen Ozean verlässt. Eingetragen sind auch die Meeresströmungen an der Oberfläche (rot) und in hundert Meter Tiefe (hellrot) sowie die mittlere Eisbedeckung im September (schwach weiß).

Abb. 9.2: Das packeistaugliche Segelschiff „Fram" im Eis der Arktis (1895).

stelle und einem Wetterhäuschen. Bei Expeditionsbeginn besaß die Eisscholle eine Größe von 3200 mal 1600 Metern und war drei Meter dick. Im Juli 1937 wurde das Wetter so warm, dass sich überall Wasserlachen bildeten. Andererseits wehten auch immer wieder Schneestürme die Station zu. Der Winter setzte am 2. September mit einer Temperatur von -12 °C ein. Das ermöglichte den vier Expeditionsteilnehmern, zusätzlich zum Zelt ein Haus aus Eisziegeln zu bauen. Am 4. Oktober sahen sie zum letzten Mal die Sonne. Mitte Oktober hatten sie von Norden her bereits den 85. Breitengrad überquert. Die Eisscholle driftete mit einer Geschwindigkeit von bis zu 21 Kilometern am Tag die Ostküste von Grönland entlang Richtung Süden. Trotz der einsetzenden Polarnacht nahm die Driftgeschwindigkeit des Eisfeldes eher zu. Am 20. Januar spürten die Schollenbewohner einen starken Stoß. Vom Wohnzelt bis zum Eisrand betrug die Strecke nur noch 300 Meter. Nach einem schweren Schneesturm lief am 29. Januar eine erste Eisspalte durch das Expeditionslager. Weitere Eisspalten zwangen zum ständigen Umziehen, während sich das umgebende Eisfeld in Trümmer verwandelte. Am 3. Februar lief die „Taimyr" in Murmansk aus, um die Expedition zu bergen, vier Tage später die „Murman". Die Scholle war inzwischen nicht einmal mehr groß genug, um den 70 Meter langen Antennendraht ganz auszuspannen, und so weit nach Süden gedriftet, dass sogar die Sonne wieder auftauchte. Am 12. Februar sichteten die Forscher die Scheinwerfer der „Taimyr", aber erst eine Woche später hatte der Eisbrecher das Lager auf 70° 54' Nord und 19° 48' West in Sichtweite der grönländischen Küste erreicht. In 274 Tagen hatte „Nordpol-1" über 2500 Kilometer zurückgelegt; zuletzt war die Eisscholle nur noch 30 Meter breit.

Nach den Erkenntnissen von „Nordpol-1" stellte sich das Eismeer als eine tiefe Senke dar. Zum ersten Mal konnte ein Tiefenprofil vom Pol bis in den Atlantik skizziert werden. Die Bewegung der Eisscholle selbst vermittelte ein Bild von der Oberflächenströmung. In nur 100 Metern Wassertiefe wurde außerdem eine gegenläufige Strömung Richtung Pol entdeckt. Hilfreich waren auch die gewonnenen Werte zur magnetischen Deklination, denn nur mit ihrer Hilfe lässt sich der Magnetkompass in diesen Gegenden zur Navigation verwenden. Die Meteorologen waren bis dahin überzeugt gewesen, dass der Nordpol ständig von einer Kaltluftkappe bedeckt sei, dabei war es auf der Eisscholle gelegentlich wärmer als in Moskau.
Im Jahr 1950 wurde das Projekt der Eisdriftstationen fortgesetzt. Bis zum Jahr 2013 waren 40 sowjetische bzw. russische Stationen in Betrieb. Die meisten Eisdriftstationen bewegten sich im Gebiet der Transpolardrift und mussten nach zwei bis drei Jahren abgebrochen werden. Fünf Stationen arbeiteten dagegen im Beaufortwirbel und wurden in der Regel nach einer „Rundfahrt" beendet. Nur Nordpol-12 arbeitete nach der Schließung mit einer vollautomatischen Wetterstation weiter. Den Rekord hält Nordpol-22 mit einer Lebensdauer vom 13. September 1973 bis zum 8. April 1982. Immer wieder kam es zu Zwischenfällen durch instabiles Eis, weswegen einige Eisdriftstationen vorzeitig evakuiert werden mussten. In den letzten Jahren wurde es wegen der Abnahme der Eisdicke in der Arktis immer schwieriger, geeignete Eisschollen zu finden.

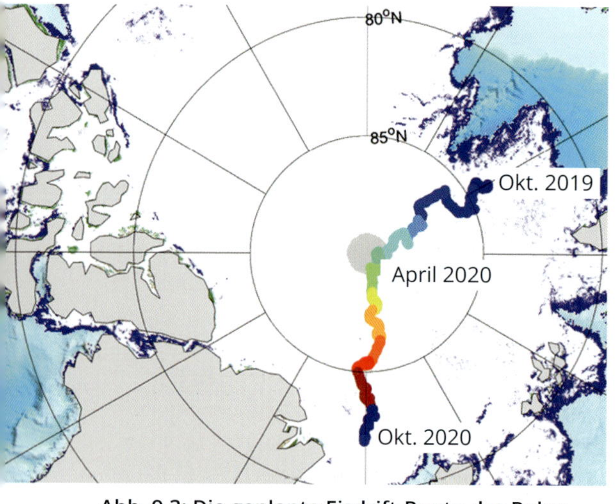

Abb. 9.3: Die geplante Eisdrift-Route der Polarstern. Zusätzlich ist die Eisbedeckung vom 15. Oktober 2014 angegeben (dunkelblau: 20 bis 60 Prozent, weiß: 100 Prozent).

Die MOSAiC-Expedition

Im Herbst 2019 beginnt eine groß angelegte Messkampagne mit dem Namen MOSAiC (Multidisciplinary drifting Observatory for the Study of Arctic Climate). Das Forschungsschiff Polarstern startet im September 2019 vom norwegischen Tromsø aus und lässt sich im Oktober im Eis einfrieren. Mit der Transpolardrift soll die Route über den Nordpol nach Süden verlaufen (Abb. 9.3). Während der einjährigen Expedition wird der Schwerpunkt darauf liegen, unzählige Messungen und Experimente vor Ort durchzuführen, um das komplexe Zusammenspiel von Ozean, Eis, Atmosphäre und Ökosystem besser zu verstehen. Dazu wird ein Netzwerk von Stationen in einem Umkreis von circa 50 Kilometern rund um die Polarstern auf dem Eis aufgebaut. Zur Versorgung sind mehrere Eisbrecher und Hubschrauber im Einsatz. Auch die Polarstern muss versorgt werden, denn selbst im eingefrorenen Modus verbraucht das Forschungsschiff 15 Tonnen Treibstoff am Tag für Heizung und elektronische Systeme. Wenn alles nach Plan verläuft, verlässt die Polarstern im Herbst 2020 zwischen Spitzbergen und Grönland das Eis wieder.

Das Foto entstand auf dem Hohen Kasten (1794 m) in der Ostschweiz mit Blick auf einen der Bauernhöfe im Appenzellerland. Der markante Gipfel des Hohen Kasten liegt an der Kantonsgrenze St. Gallen und Appenzell Innerrhoden. Von dem seit 1964 mit einer Seilbahn erschlossenen Aussichtsberg kann man auch weite Teile des Rheintals überblicken. Am 31. Oktober 2015 gab es allerdings in rund 1000 Meter Höhe eine scharfe Wettergrenze: Über den Niederungen lag zäher Hochnebel, während auf den Bergen in der sehr trockenen Luft eine ausgezeichnete Fernsicht von teilweise über 200 km herrschte. Im Bereich der Nebelobergrenze entschieden nur wenige Höhenmeter zwischen kühler Nebelluft und warmem Sonnenschein. Diese Wetterlage blieb einige Tage lang konstant und erst am 6. November 2015 schwächte sich das Hoch ab.

Wetter und Natur

Der Wasserhaushalt von Flechten

Flechten sind Lebensgemeinschaften aus Pilzen und Algen (oder Cyanobakterien). In der Symbiose liefert der Pilz der Alge Wasser und einen Halt auf seiner Oberfläche. Umgekehrt versorgt die Alge den Pilz mit organischen Stoffen (Zucker und Stärke) aus ihrer Fotosynthese. Flechten besitzen aber keine Möglichkeit, ihren Wasserhaushalt zu regeln, da sie keine Wurzeln zur Wasseraufnahme und auch keinen Verdunstungsschutz besitzen. Bei Trockenheit verlieren sie deshalb relativ schnell das für die Aufrechterhaltung des Stoffwechsels nötige Wasser und gehen in eine Ruhestarre über. Der ausgetrocknete Zustand spielt bei Flechten eine wichtige Rolle, denn nur dann sind sie in der Lage, Temperaturextreme und eine hohe Dosis von ultravioletter Strahlung zu überstehen. Die Fähigkeit der Ruhestarre ist auch in kalten Gebieten sehr wichtig, da gefrorenes Wasser nicht für den Stoffwechsel verfügbar ist. Erst bei erneuter Wasseraufnahme, über Regen, Tau oder Luftfeuchtigkeit, wird der Stoffwechsel reaktiviert. Bei einem Wassergehalt von 65 bis 90 Prozent des maximalen Speichervermögens erreicht er seine höchste Effizienz. In den Morgenstunden, wenn die Flechten von Tau benetzt sind, ist ihre Fotosyntheserate daher oft am höchsten. Die Zeit, in der eine Flechte in Ruhestarre überleben kann, variiert je nach Art. Es ist der Fall einer Wüstenflechte bekannt, die nach 40 Jahren im ausgetrockneten Zustand durch Befeuchtung „wiederbelebt" werden konnte.

Durch Flechten wie hier auf einer Schlehe wird den Bäumen kein Schaden zugefügt, sie nutzen die Rinde nur als haltenden Untergrund.

Oktober auf Tiree

Tiree (56° 30' N, 6° 52' W) ist die westlichste Insel der Inneren Hebriden, einer Inselkette vor der schottischen Westküste. Die mittleren Temperaturen im Oktober von 13 °C tagsüber und 8 °C nachts sind vergleichbar mit denen in Mitteleuropa. Im Sommer bleibt es auf Tiree aber deutlich kühler mit Höchstwerten von 16 °C im Mittel. Nur sehr selten werden 25 °C erreicht. Im maritimen Klima von Tiree verlaufen die Winter dagegen sehr mild und nur in Ausnahmefällen herrschen Temperaturen unter -5 °C. Typisch sind 8 °C tagsüber und 4 °C nachts. Während es im Mai und Juni oft viele Sonnenstunden und vergleichsweise wenig Regen gibt, ist der Oktober mit einer mittleren Niederschlagssumme von 150 mm der nasseste Monat des Jahres. Die durchziehenden atlantischen Tiefs sind oft auch mit viel Wind verbunden, so dass sich jeden Oktober die Windsurfer an den Sandstränden der Insel zu den „Tiree Wave Classics" treffen.

Wetterwissen

Die Namen von Tiefs in Europa

Von der FU Berlin werden seit dem Jahr 1954 alle für Mitteleuropa wetterbestimmenden Hoch- und Tiefdruckgebiete mit einem Namen versehen, also auch schwache oder nur einen Tag lang existierende Gebilde. Entscheidend ist, dass sie relevante Wettererscheinungen bringen. Ehemalige tropische Wirbelstürme werden nicht neu benannt, sie erhalten vor ihrem Namen ein „ex". In anderen europäischen Ländern bekommen ausschließlich Tiefdruckgebiete einen Namen, und auch nur dann, wenn sie für die Gebiete der Vorhersagedienste mit Extremwetterlagen und Unwettern verbunden sind. Vom britischen und irischen Wetterdienst wird immer im Frühherbst eine Liste für die kommende Saison präsentiert. Ein Tief erhält einen Namen, wenn es das Potenzial hat, erhebliche Auswirkungen auf Großbritannien und Irland zu entwickeln. Seit Dezember 2017 besteht eine Absprache zwischen den Wetterdiensten von Frankreich, Spanien und Portugal bei Unwettergefahr Tiefs auch in diesem Gebiet einen Namen zu geben. Vom norwegischen und dänischen Wetterdienst werden nur die besonders gefährlich erscheinenden Tiefdruckgebiete (Orkan und Starkniederschlag) benannt. Bisher wurden die Namen in den einzelnen Regionen unabhängig voneinander gewählt. So hieß Anfang Dezember 2015 das Tief „Ted" (FU Berlin) auch „Desmond" (Britische Inseln) und „Synne" (Norwegen). Es gibt Bestrebungen die einmal gewählten Namen von Unwettertiefs auch in den anderen europäischen Regionen fortzuführen.

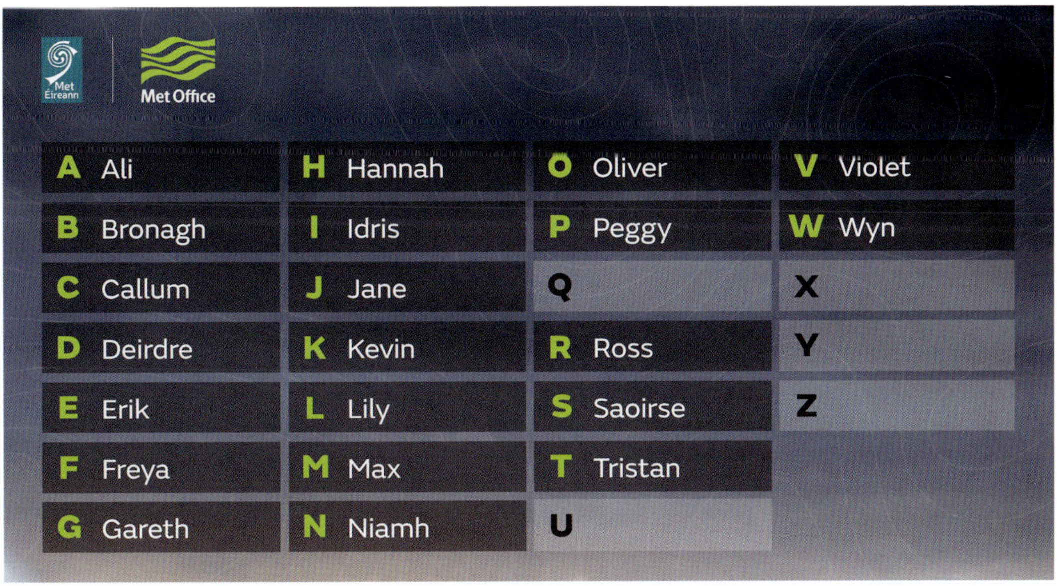

Vom britischen Met Office und dem irischen Wetterdienst Met Eireann gibt es seit 2015 jedes Jahr einen Aufruf, Namensvorschläge für Tiefs einzureichen. Die Buchstaben q, u, x, y und z werden wegen der geringen Namensauswahl nicht verwendet. Die Abbildung zeigt die Liste für die Saison 2018/19.

Typische Wetterlagen im Oktober

Süd, Südwest: Im Westen und Norden teilweise bewölkt mit etwas Regen, nach Osten hin Wechsel zwischen Sonne und Wolkenfeldern. Sehr mild bei 16 bis 22 °C, im ersten Monatsdrittel örtlich noch wärmer, in der zweiten Monatshälfte etwas kühler. Am Alpenrand und im Südwesten bis über 25 °C.

West, Nordwest, Tiefdrucklage über Mitteleuropa: Wechselhaftes Wetter. Immer wieder Regengebiete mit zeitweise starkem Wind (besonders in Norddeutschland), dazwischen sonnige Phasen. In erwärmter Meeresluft Temperaturen zwischen 15 und 20 °C (Monatsanfang) bzw. 10 und 15 °C (Monatsende). In kalter Meeresluft 11 bis 16 °C (Monatsanfang) bzw. 6 bis 11 °C (Monatsende) sowie lokale Gewitter in Küstennähe und Schneefall in den Alpen bis 1500 m.

Nord, Nordost: Wechselhaftes Wetter. Gebietsweise sonnig, besonders nach Osten hin und am Nordalpenrand aber auch wiederholt Regen, Schnee manchmal bis unter 1000 m herab. Kalt bei Temperaturen von 6 bis 12 °C, im letzten Monatsdrittel nur noch 2 bis 8 °C und Schneefall bis in tiefe Lagen möglich. In klaren Nächten verbreitet Frost um -2 °C, örtlich unter -5 °C.

Ost, Südost, Hochdrucklage über Mitteleuropa: Gebietsweise ganztägig trüb durch Hochnebel und kalt bei 6 bis 10 °C, sonst teils sonnig, teils wolkig und tagsüber mild bei 11 bis 18 °C (bei Ostwind etwas kühler), nachts vereinzelt geringer Frost. In höheren Lagen mild bei guter Fernsicht. In manchen Jahren ist diese Wetterlage sehr beständig und bringt einen Goldenen Oktober.

Im Oktober 2018 lag der Pegel des Rheins zum Teil noch niedriger als im bisherigen Rekordjahr 2003. Die Urmitzer Werth bei Koblenz war bereits seit Anfang August 2018 trockenen Fußes erreichbar.

1 Di
Berlin (Min./Max. 1988-2017): im Mittel 8,5°C / 16,6°C
Extremwerte: 0,8°C (1994) / 25,9°C (2011)
Sonne: 7:20 – 19:00
Mond: A 10:30 – U 20:45
Tag °C
Nacht °C

2 Mi
Düsseldorf (Min./Max. 1988-2017): im Mittel 9,2°C / 17,1°C
Extremwerte: 1,0°C (2013) / 27,7°C (2011)
Sonne: 7:21 – 18:58
Mond: A 11:49 – U 21:16
Tag °C
Nacht °C

3 Do
Erfurt (Min./Max. 1988-2017): im Mittel 7,5°C / 15,6°C
Extremwerte: -1,3°C (1994) / 26,4°C (2011)
Sonne: 7:23 – 18:55
Mond: A 13:03 – U 21:53
Tag der Deutschen Einheit
Tag °C
Nacht °C

4 Fr
Frankfurt/M. (Min./Max. 1988-2017): im Mittel 9,1°C / 17,4°C
Extremwerte: -1,5°C (1994) / 26,7°C (2011)
Sonne: 7:24 – 18:53
Mond: A 14:11 – U 22:36
Tag °C
Nacht °C

5 Sa
Stuttgart (Min./Max. 1988-2017): im Mittel 7,9°C / 17,1°C
Extremwerte: -0,2°C (1989) / 27,1°C (2001)
Sonne: 7:26 – 18:51
Mond: A 15:09 – U 23:26
Tag °C
Nacht °C

6 So
Augsburg (Min./Max. 1988-2017): im Mittel 6,8°C / 16,4°C
Extremwerte: -1,2°C (1994) / 26,5°C (2001)
Sonne: 7:27 – 18:49
Mond: A 15:58 – U --
Tag °C
Nacht °C

Sonne im Martinsloch

Das Martinsloch ist ein Felsenfenster in der Kette der Tschingelhörner im Schweizer Kanton Glarus. Es befindet sich in einer Höhe von 2600 m und ist 19 m breit sowie 22 m hoch. Jedes Jahr scheint die Sonne jeweils im Frühling und Herbst gut einen Monat durch das Martinsloch ins Tal, aber nur an wenigen Tagen trifft der Lichtkegel genau die Kirche von Elm. Diese Erscheinung dauert etwa zweieinhalb Minuten, dann verschwindet die Sonne, um ungefähr zehn Minuten später endgültig aufzugehen. Bei dunstigem Wetter wird das Sonnenlicht kurz vor und nach dem Durchscheinen durch das Loch als ein langer Strahl sichtbar. Das Ereignis lässt sich im Frühling am 12. und 13. März (8:53 Uhr MEZ) und im Herbst am 30. September und 1. Oktober (9:32 Uhr MESZ) beobachten. Am 1. Oktober 1989 war der Himmel zwar wolkenlos, aber die zahlreichen Schaulustigen warteten vergebens, denn Leute aus dem Nachbarort Flims hatten das Martinsloch mit einem Tuch bedeckt.

10 OKTOBER

Wetter und Garten

Die einzelnen Schneckenarten haben unterschiedliche Strategien entwickelt, um die kalten Wintermonate zu überstehen. Weinbergschnecken suchen sich beispielsweise einen sicheren Platz, wenn die Temperaturen unter 15 °C sinken, und verschließen ihr Häuschen mit Kalk. Manche Nacktschneckenarten verkriechen sich dagegen möglichst tief im Boden, so dass sie der Frost nicht erreicht. Andere Nacktschnecken sterben im Herbst ab. Doch ihre zuvor in geschützte Verstecke gelegten Eier überstehen den Winter. Aus ihnen schlüpfen im Frühjahr neue Nacktschnecken. Das Aufsammeln der kleinen, kugelrunden Schneckeneier begünstigt daher einen schneckenarmen Vegetationsstart im folgenden Frühling.

Langlebiger „Peter“

Am 2. Oktober 2016 entstand über Skandinavien das Hoch „Peter“. Es bestimmte mehr als drei Wochen lang das Wetter in Nord- und Osteuropa. Zeitweise erreichte der Luftdruck in seinem Bereich über 1050 hPa. Am Rande des Hochs war es in Mitteleuropa oft wechselhaft und kühl.

7 Mo
Hamburg (Min./Max. 1988-2017): im Mittel 6,9°C / 14,4°C
Extremwerte: -3,0°C (1992) / 24,1°C (1995)
Sonne: 7:29 – 18:47
Mond: U 0:23 – A 16:37
Tag °C
Nacht °C

8 Di
Berlin (Min./Max. 1988-2017): im Mittel 7,4°C / 14,8°C
Extremwerte: -1,5°C (1992) / 24,3°C (1995)
Sonne: 7:31 – 18:45
Mond: U 1:24 – A 17:09
Tag °C
Nacht °C

9 Mi
Düsseldorf (Min./Max. 1988-2017): im Mittel 8,0°C / 16,0°C
Extremwerte: -1,2°C (1992) / 25,0°C (1990)
Sonne: 7:32 – 18:43
Mond: U 2:27 – A 17:35
Tag °C
Nacht °C

10 Do
Erfurt (Min./Max. 1988-2017): im Mittel 6,1°C / 13,7°C
Extremwerte: -2,9°C (1992) / 24,3°C (2001)
Sonne: 7:34 – 18:41
Mond: U 3:32 – A 17:58
Tag °C
Nacht °C

11 Fr
Frankfurt/M. (Min./Max. 1988-2017): im Mittel 7,7°C / 15,7°C
Extremwerte: -0,5°C (1994) / 23,9°C (1995)
Sonne: 7:35 – 18:38
Mond: U 4:37 – A 18:18
Tag °C
Nacht °C

12 Sa
Stuttgart (Min./Max. 1988-2017): im Mittel 6,7°C / 15,3°C
Extremwerte: -1,5°C (2000) / 26,8°C (2009)
Sonne: 7:37 – 18:36
Mond: U 5:42 – A 18:36
Tag °C
Nacht °C

13 So
Augsburg (Min./Max. 1988-2017): im Mittel 5,6°C / 14,4°C
Extremwerte: -1,7°C (1992) / 25,9°C (2009)
Sonne: 7:38 – 18:34
Mond: U 6:47 – A 18:55
Tag °C
Nacht °C

14 Mo
Hamburg (Min./Max. 1988-2017): im Mittel 5,7°C / 13,2°C
Extremwerte: -3,4°C (1993) / 22,9°C (1990)
Sonne: 7:40 – 18:32
Mond: U 7:53 – A 19:14
Tag °C
Nacht °C

15 Di
Berlin (Min./Max. 1988-2017): im Mittel 6,0°C / 13,6°C
Extremwerte: -1,7°C (1994) / 23,3°C (1990)
Sonne: 7:42 – 18:30
Mond: U 8:59 – A 19:34
Tag °C
Nacht °C

16 Mi
Düsseldorf (Min./Max. 1988-2017): im Mittel 7,0°C / 15,1°C
Extremwerte: -3,6°C (2009) / 24,1°C (2017)
Sonne: 7:43 – 18:28
Mond: U 10:08 – A 19:59
Tag °C
Nacht °C

17 Do
Erfurt (Min./Max. 1988-2017): im Mittel 4,4°C / 12,7°C
Extremwerte: -4,6°C (2003) / 25,1°C (1990)
Sonne: 7:45 – 18:26
Mond: U 11:17 – A 20:28
Tag °C
Nacht °C

18 Fr
Frankfurt/M. (Min./Max. 1988-2017): im Mittel 5,8°C / 14,4°C
Extremwerte: -2,3°C (1992) / 23,3°C (1990)
Sonne: 7:46 – 18:24
Mond: U 12:25 – A 21:04
Tag °C
Nacht °C

19 Sa
Stuttgart (Min./Max. 1988-2017): im Mittel 4,8°C / 14,3°C
Extremwerte: -2,7°C (1992) / 23,9°C (1990)
Sonne: 7:48 – 18:22
Mond: U 13:29 – A 21:49
Tag °C
Nacht °C

20 So
Augsburg (Min./Max. 1988-2017): im Mittel 4,2°C / 13,2°C
Extremwerte: -4,1°C (2003) / 23,5°C (2017)
Sonne: 7:50 – 18:20
Mond: U 14:28 – A 22:45
Tag °C
Nacht °C

„Leslie" erreicht Portugal

Am 20. September 2018 bildete sich bei den Azoren ein Tief, das sich zu einem subtropischen Sturm verstärkte. Am 3. Oktober 2018 erreichte „Leslie" Hurrikanstärke (mittlere Windgeschwindigkeiten von 119 km/h und mehr). Es folgten eine einwöchige Schwächephase und am 10. Oktober 2018 erneut eine Verstärkung zum Hurrikan. Die Zugbahn von „Leslie" führte zwischen den Azoren und Madeira hindurch in Richtung Portugal, wo er in der Nacht zum 14. Oktober 2018 nördlich von Lissabon auf die Küste traf. Die stärksten Böen erreichten meist „nur" 100 bis 120 km/h und nicht, wie von den Wettervorhersagemodellen berechnet, bis zu 200 km/h.

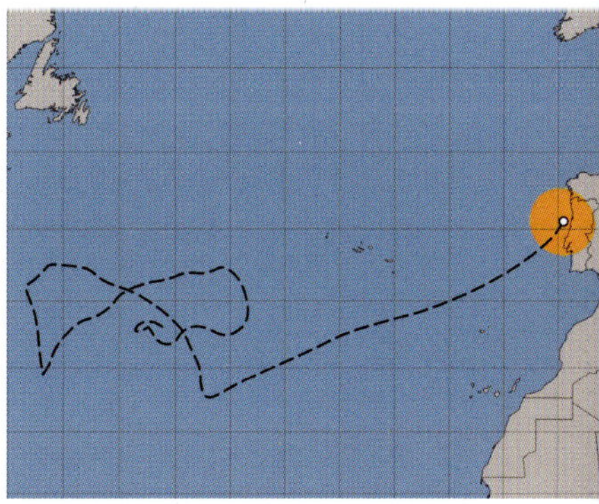

„Leslie" zog auf einer verschlungenen Bahn über den Atlantik, bevor er schließlich auf die Küste von Portugal traf.

10 OKTOBER

„Halten die Krähen Konzilium, so sieh nach Feuerholz dich um."

In den Herbst- und Wintermonaten versammeln sich in der Abenddämmerung oft unzählige Raben- und Saatkrähen laut krächzend an ihren Schlafplätzen auf hohen Bäumen. Bis zu 100.000 Tiere können an einem Schlafplatz einfallen, der zum Teil jahrzehntelang beibehalten wird. Viele der Saatkrähen sind in der kalten Jahreszeit Zuzügler aus Nord- und Osteuropa. In der Morgendämmerung zerstreuen sich die Vögel zur Nahrungssuche in die Umgebung. Jeweils im Laufe des Nachmittags bilden sich auf den Feldern dann zunächst kleinere Trupps, die sich bis zum Sonnenuntergang zu größeren Schwärmen zusammenschließen und Richtung Schlafplatz ziehen. Den ganzen Winter über sammeln sich nachts die großen Schlafkolonien, bis sie sich ab März immer mehr verkleinern. Die Brutpartner nächtigen dann paarweise in ihrem Revier und die Saatkrähen ziehen sich wieder in ihre Brutgebiete zurück. Nur die nicht brütenden Jungvögel der Rabenkrähen bleiben weiterhin in Gruppen zusammen, den sogenannten Nichtbrüter-Schwärmen.

21 Mo
Hamburg (Min./Max. 1988-2017): im Mittel 5,7°C / 12,3°C
Extremwerte: -7,1°C (2003) / 20,5°C (2006)
Sonne: 7:51 – 18:18
Mond: U 15:19 – A 23:52
Tag °C
Nacht °C

22 Di
Berlin (Min./Max. 1988-2017): im Mittel 5,6°C / 12,5°C
Extremwerte: -4,6°C (2003) / 23,0°C (2006)
Sonne: 7:53 – 18:16
Mond: U 16:00 – A - -
Tag °C
Nacht °C

23 Mi
Düsseldorf (Min./Max. 1988-2017): im Mittel 7,3°C / 14,1°C
Extremwerte: -5,4°C (2003) / 23,7°C (2006)
Sonne: 7:55 – 18:14
Mond: A 1:07 – U 16:35
Tag °C
Nacht °C

24 Do
Erfurt (Min./Max. 1988-2017): im Mittel 4,6°C / 11,9°C
Extremwerte: -7,2°C (2003) / 24,0°C (2006)
Sonne: 7:56 – 18:12
Mond: A 2:27 – U 17:04
Tag °C
Nacht °C

25 Fr
Frankfurt/M. (Min./Max. 1988-2017): im Mittel 5,7°C / 13,5°C
Extremwerte: -4,0°C (2003) / 23,8°C (2013)
Sonne: 7:58 – 18:10
Mond: A 3:50 – U 17:29
Tag °C
Nacht °C

26 Sa
Stuttgart (Min./Max. 1988-2017): im Mittel 4,2°C / 13,4°C
Extremwerte: -4,9°C (2003) / 27,1°C (1989)
Sonne: 7:59 – 18:09
Mond: A 5:13 – U 17:53
Österreichischer Nationalfeiertag
Tag °C
Nacht °C

27 So
Augsburg (Min./Max. 1988-2017): im Mittel 3,6°C / 12,2°C
Extremwerte: -7,6°C (2003) / 23,0°C (2006)
Sonne: 7:01 – 17:07
Mond: A 5:36 – U 17:17
Ende der Sommerzeit
Tag °C
Nacht °C

28 Mo
Hamburg (Min./Max. 1988-2017): im Mittel 5,2°C / 11,1°C
Extremwerte: -7,1°C (1997) / 19,7°C (2014)
Sonne: 7:03 – 17:05
Mond: A 6:59 – U 17:42
Tag °C
Nacht °C

29 Di
Berlin (Min./Max. 1988-2017): im Mittel 4,9°C / 11,2°C
Extremwerte: -4,9°C (1997) / 20,8°C (1989)
Sonne: 7:04 – 17:03
Mond: A 8:22 – U 18:11
Tag °C
Nacht °C

30 Mi
Düsseldorf (Min./Max. 1988-2017): im Mittel 6,0°C / 12,9°C
Extremwerte: -6,2°C (1997) / 22,1°C (2005)
Sonne: 7:06 – 17:01
Mond: A 9:41 – U 18:45
Tag °C
Nacht °C

31 Do
Reformationstag
Erfurt (Min./Max. 1988-2017): im Mittel 3,9°C / 10,7°C
Extremwerte: -7,6°C (1997) / 22,8°C (1989)
Sonne: 7:08 – 17:00
Mond: A 10:54 – U 19:26
Tag °C
Nacht °C

Klingender Stein

Auf der Hebriden-Insel Tiree liegt nahe der Nordküste ein Felsblock aus Granit. Er hat die Form eines riesigen Kieselsteins und ist etwa 1,6 m hoch. Da es derartiges Gesteinsmaterial auf Tiree sonst nicht gibt, wird angenommen, dass der Stein während der letzten Eiszeit von der 55 km entfernten und aus Granit bestehenden Insel Rum hierher verfrachtet wurde. Wird der Stein angeschlagen, sind metallische Töne zu hören, daher sein Name Clach a' Choire („Klingender Stein"). Diese musikalischen Eigenschaften erklären sich durch die spezielle Lage des Steins auf dem felsigen Untergrund.

Monatsthema

Die Ausbreitung der Baumwanzen

Die Marmorierte Baumwanze (Halyomorpha halys) ist eine aus Asien eingeschleppte Insektenart, die durch ihre Saugtätigkeit an Früchten verschiedenster Pflanzen, besonders an Obstfrüchten wirtschaftlich erhebliche Schäden verursachen kann. Auffällig wird sie für Menschen auch als „Lästling" an Häusern und in Wohnungen im Herbst, wo sie auf der Suche nach Winterquartieren ist, dabei aber ungefährlich ist. Die erfolgreiche Entwicklung der Marmorierten Baumwanze hängt stark von warmen Temperaturen ab.

Abb. 10.1: Marmorierte Baumwanzen erreichen eine Länge von 12 bis 17 mm und können vor allem im Obstanbau große Schäden anrichten.

Herkunft und Lebenszyklus

Das ursprünglich natürliche Verbreitungsgebiet der Marmorierten Baumwanze befindet sich im Osten Asiens (östliches China, Taiwan, Korea, Japan). Von dort gelangte sie im Jahr 2001 wahrscheinlich mit Transportkisten nach Nordamerika, war aber wahrscheinlich schon seit 1996 vorhanden, und breitete sich dann sehr rasch und massiv aus.

In Europa wurde sie erstmals im Jahr 2004 in der Schweiz festgestellt, wo die Verbreitung in Zürich ihren Anfang nahm. Man vermutet, dass die Tiere über den Zürcher Flughafen mit Handelsware eingeschleppt wurden. Die letzten Sommer waren so warm, dass es zur Massenvermehrung gekommen ist. Inzwischen ist die Marmorierte Baumwanze schon in vielen europäischen Ländern verbreitet, vor allem in Frankreich, Italien, Griechenland, Ungarn und Slowenien. Vergleichende genetische Studien der Tiere aus Europa und Asien zeigten, dass die Wanzen vermutlich mindestens dreimal unabhängig voneinander nach Europa gelangt sind. In Österreich wurden die ersten Exemplare in Wien und in Dornbirn (Vorarlberg) im Jahr 2015 entdeckt. In den Herbstmonaten ist die Marmorierte Baumwanze seit 2016 häufig in Wien an und in Häusern zu sehen, wo sie auf der Suche nach Überwinterungsplätzen ist. Erste Funde gibt es auch in Deutschland (am Oberrhein und im Rhein-Main-Gebiet). Über große Entfernungen erfolgt die Verbreitung mit Pflanzentransporten und Packmaterial oder anderen Gegenständen, über kurze Distanzen durch natürliche Ausbreitung der Wanzen selbst, da sie gute Flieger sind.

Aufgrund von Aussehen und Verhalten wird die Marmorierte Baumwanze in vielen Fällen

mit der einheimischen Grauen Gartenwanze (Rhaphigaster nebulosa) verwechselt. Die Marmorierte Baumwanze hat hinter ihrem Halsschild eine Reihe von vier bis fünf hellen Punkten (Abb. 10.1), der transparente Teil der Flügeldecken trägt zudem Striche. Heimische Gartenwanzen sind insgesamt dunkler gefärbt und weisen außerdem keine hellen Punkte am Vorderrand des Rückenschildes auf, der transparente Teil der Flügeldecke ist gepunktet. Beiden Wanzenarten ist gemeinsam, dass sie bei Bedrohung und vor allem bei Berührung ein stinkendes Abwehrsekret abgeben, deshalb auch der Name Stinkkäfer.
Anfang März, wenn die Temperaturen auf über 10 °C steigen, werden die Marmorierten Baumwanzen aktiv und verlassen ihre Winterquartiere, um mögliche Nahrungsquellen zu suchen. Bei der Wahl ihrer Nahrung sind sie nicht sehr wählerisch. So kommen mehr als 150 verschiedene Pflanzenarten aus allen Kulturbereichen als potenzielle Wirtspflanzen in Frage. Hierunter fallen hauptsächlich Obstkulturen aus der Familie der Rosengewächse wie Kirsche, Birne, Apfel, Nektarine und Pfirsich. Aber auch Ziergehölze wie zum Beispiel Sommerflieder, Blauglockenbaum und Trompetenbaum werden aufgesucht. Unter den Gemüsepflanzen sind Paprika und Tomaten betroffen. Als Pflanzensauger stechen die Tiere mit ihrem Saugrüssel in das Pflanzengewebe von Blättern und Früchten. Zusammen mit ihrem Speichel gelangt ein Enzym in das Pflanzengewebe, welches Flecken und Nekrosen (Zellschädigungen) hervorruft. Angestochene Früchte zeigen in der Folge Verfärbungen und Verformungen. Im schlimmsten Fall kommt es zum frühzeitigen Abfallen oder Absterben der Früchte.
Nach mehreren Wochen Reifungsfraß beginnen etwa Mitte Juni die Weibchen mit der

Abb. 10.2: Eier und Larven der Marmorierten Baumwanze auf der Unterseite eines Blattes.

Eiablage; diese kann bis in den Spätsommer erfolgen. Ein Weibchen legt im Durchschnitt mehr als 200 Eier. Schon nach wenigen Tagen schlüpfen die ersten Nachkommen, welche auch Nymphen genannt werden (Abb. 10.2). Die Nymphen durchlaufen insgesamt fünf Larvenstadien, ehe sie sich Anfang August zu adulten Baumwanzen häuten. Die vollständige Entwicklung vom Ei bis zu einer ausgewachsenen Wanze dauert etwa zwei Monate. Im Herbst verlassen die Marmorierten Baumwanzen ihre Wirtspflanzen und suchen nach geeigneten Quartieren zur Überwinterung. Dafür sammeln sie sich häufig in größerer Zahl an sonnenexponierten Hausfassaden und Fenstern. Die Überwinterung erfolgt als adulte Wanze in geschützten Bereichen wie zum Beispiel Gartenhütten, Jalousienkästen, Blumenkästen, auf Balkonen, in Häusern sowie auf Dachterrassen.

Abb. 10.3: In Italien gilt der Schutz der Obstkulturen mit dünnen Netzen derzeit als wirksamste Methode gegen den Befall mit Marmorierten Baumwanzen.

In ihrer ursprünglichen Heimat können sich fünf bis sechs Generationen pro Jahr entwickeln. In Europa ist es meist eine Generation; nur in den wärmeren Gebieten kommen vereinzelt bis zu zwei Generationen pro Jahr vor.

Große Gefahr für die Landwirtschaft

Da die Marmorierten Baumwanzen erst vor relativ kurzer Zeit nach Europa eingeschleppt wurden und die Schäden bisher auf wenige Regionen beschränkt waren, gibt es bisher geringe Erfahrungen mit Bekämpfungsmöglichkeiten und natürlichen Gegenspielern. In Italien sind im Jahr 2016 rund 40 Prozent der Kiwi- und Birnenernte vernichtet worden. Auch bei Äpfeln, Pfirsichen, Tomaten, Trauben, Mais und Soja kam es zu schwersten Schäden. Eine Reihe von Bekämpfungsversuchen hatte wenig Erfolg (Abb. 10.3). Gegenwärtig wird untersucht, ob es mit kleinen Wespen, sogenannten Eiparasitoiden, gelingen könnte, die Marmorierte Baumwanze einzudämmen. Die Larven dieser parasitischen Wespen fressen die Eier von innen aus und töten ihren Wirt. Nach zwei bis drei Wochen schlüpfen aus den Wanzeneiern kleine Wespen. Diese Wespen machen sich dann auf die Suche nach neuen Wanzengelegen. Wissenschaftler gehen dennoch davon aus, dass sich die Marmorierte Baumwanze, ähnlich wie in Nordamerika, zu einem Topschädling im Obstanbau entwickeln könnte.

Bei windschwachen und gleichzeitig wolkenarmen Verhältnissen macht sich die abendliche Abkühlung durch Ausstrahlung bereits vor Sonnenuntergang bemerkbar. Es entsteht eine sogenannte Bodeninversion. Im Herbst ist die relative Luftfeuchte in der bodennahen Luft im Jahreslauf am höchsten, so dass zu dieser Zeit auch am häufigsten Bodennebel entsteht. Im Laufe einer klaren Nacht erreicht die vom Boden her ausgekühlte Luftschicht eine Mächtigkeit von etwa 200 bis 300 m. Im Sommer wird die bodennahe Luft tagsüber durch die intensive Sonneneinstrahlung immer so stark aufgeheizt, dass die Inversion meist schon am frühen Vormittag verschwindet. Im Spätherbst und Winter genügt die dann nur schwache Sonnenstrahlung allein jedoch nicht, es muss zusätzlich auch Wind aufkommen.

Wetter und Natur

Drachenbäume auf Sokotra

Etwa 230 km östlich vom Horn von Afrika entfernt und 345 km südlich der arabischen Halbinsel liegen vier Inseln, die zum Jemen gehören. Sokotra ist die weitaus größte dieser Inseln, 125 km lang und rund 40 km breit. Während dort in Küstennähe oft große Hitze herrscht, ist es auf den bis über 1500 m hohen Bergen angenehmer aber häufig stürmisch. Neben den Flaschenbäumen zählen die vielen Drachenbäume zu den auffälligsten Pflanzen. Auf den Kanaren und den Kapverden gibt es verwandte Einzelexemplare. Die Art Dracaena cinnabari wächst aber nur auf Sokotra und ist ein Relikt der Kreidezeit. Die Drachenbäume kommen in Höhenlagen ab etwa 400 m vor. Sie entwickeln sich baumartig und werden bis zu 10 m hoch. Ihre Kronen sind stark verzweigt und spannen sich im Alter wie Pilze auf. In der dichten Krone sind die Blätter gegenseitig vor Austrocknung durch Wind und Hitze geschützt. Außerdem können die Blätter Feuchtigkeit aus der Luft aufnehmen und bis in die Wurzeln weiterleiten, so dass der regelmäßige Tau- und Nebelniederschlag eine wichtige Rolle bei der Wasserversorgung der Drachenbäume spielt. Das dunkelrote Baumharz („Drachenblut") wird zur Herstellung von Naturheilmitteln und Weihrauch sowie als Farbstoff genutzt.

Drachenbäume wachsen sehr langsam und können mehrere Hundert Jahre alt werden. Auf Sokotra gibt es auch kleine Drachenbaum-Wälder.

November in Hadibu

Hadibu (12° 39' N, 54° 2' O) liegt an der Nordküste von Sokotra. Dort ist es extrem warm mit einer mittleren Jahrestemperatur von 28 °C. Die größte Hitze herrscht im Mai mit im Mittel 35 °C tagsüber und 28 °C nachts. Im November sind es noch 30 °C an den Nachmittagen und 24 °C in den Nächten. Während es im Jahreslauf oft wochenlang trocken bleibt, fällt im November und Dezember häufiger Regen. In manchen Jahren bringt der Nordostmonsun dann Monatsmengen von über 250 mm. An der Südküste von Sokotra sorgt dagegen der Südwestmonsun in den Monaten Mai bis September für den meisten Regen. In den letzten Jahren wurde Sokotra ungewöhnlich oft von tropischen Zyklonen getroffen. Im November 2015 führten innerhalb weniger Tage die Zyklone „Chapala" und „Megh" zu schweren Schäden. Ähnliches passierte im Jahr 2018: Nach dem Zyklon „Sagar" am 17. und 18. Mai folgte bereits am 23. Mai der Zyklon „Mekunu".

Wetterwissen

Historische Sturmflut an der Ostsee

In der Nacht zum 13. November 1872 ereignete sich die bisher größte bekannte Sturmflut im Ostseeraum. Da die Gezeiten im Bereich der Ostsee nur eine kleine Rolle spielen, der Wasserstand also vorwiegend von den Windverhältnissen geprägt wird, lautet die korrekte Bezeichnung „Sturmhochwasser". An der Küste von Dänemark bis Pommern kam es zu schweren Verwüstungen. Auch die Küstenlinie änderte sich. So wurde die Insel Zingst zur Halbinsel und die Insel Usedom geteilt. Die Scheitelwasserstände von 3 m bis 3,5 m über Normalnull lassen sich nur durch die meteorologische Vorgeschichte erklären. Ab Ende Oktober 1872 herrschte wiederholt Südweststurm über der Ostsee, der das Wasser in Richtung Finnland und Baltikum trieb und dort massiv anstaute. Aus der Nordsee strömten deshalb große Wassermengen in die westliche Ostsee ein. Nach einer kurzen ruhigen Wetterphase ab dem 10. November 1872 begann am Abend des 12. November der folgenreiche Nordostorkan mit Windgeschwindigkeiten bis über 120 km/h. Das Wasser aus der Nordsee konnte jedoch nur langsam wieder zurückfließen, so dass es zu dem ungewöhnlich hohen Sturmhochwasser kam.

Beim großen Ostseesturmhochwasser vom 13. November 1872 gab es in Eckernförde aufgrund seiner Lage am Ende einer weit nach Nordosten geöffneten Bucht die schwersten Schäden. Das gesamte Stadtgebiet war tagelang meterhoch überflutet. Der zeitgenössische Stich ist untertitelt mit „Die Sturmfluth an der Ostsee: Ansicht aus Eckernförde."

Typische Wetterlagen im November

Süd, Südwest: Im Westen und Norden teilweise bewölkt mit etwas Regen, nach Osten und Süden hin Wechsel zwischen Sonne und Wolkenfeldern. Sehr mild bei 10 bis 15 °C (in der zweiten Monatshälfte etwas kühler). Am Nordrand von Alpen und Erzgebirge bei Föhn um 20 °C.

West, Nordwest, Tiefdrucklage über Mitteleuropa: Wechselhaftes Wetter. Immer wieder Durchzug von Regengebieten mit zeitweise starkem Wind (besonders in Norddeutschland), dazwischen sonnige Phasen. Wechsel zwischen kalter Meeresluft mit Temperaturen von 3 bis 8 °C und erwärmter Meeresluft mit 7 bis 12 °C. In kalter Meeresluft lokale Gewitter in Küstennähe und Schneefall bis in Höhen von ca. 900 m (Monatsanfang) bzw. ca. 400 m (Monatsende).

Nord, Nordost: Winterliches Wetter mit erstem Schneefall auch in tiefen Lagen, ab der Monatsmitte Bildung einer Schneedecke möglich. In trocken-kalter Luft auch zeitweise sonnig und nur geringe Nebelneigung. Sehr kalt bei -3 bis 4 °C (in Küstennähe etwas milder), gegen Monatsende Dauerfrost zwischen -6 und 0 °C. In klaren Nächten örtlich Frost unter -10 °C.

Ost, Südost, Hochdrucklage über Mitteleuropa: Im Flachland häufig typisches Novemberwetter, das heißt Hochnebel und kalt bei -1 bis 5 °C, nur am Monatsanfang bei Sonnenschein bis 10 °C. In den Mittelgebirgen und Alpen dagegen sonnig bei tiefblauem Himmel und guter Fernsicht, einzelne hohe Wolkenfelder. In 700 bis 1500 m mit 4 bis 12 °C wärmer als im Flachland.

Am 13. November 2017 strömte Polarluft von Skandinavien über Mitteleuropa bis nach Italien. In den Mittelgebirgen lag bei Temperaturen um 0 °C Schnee wie hier in Altastenberg (773 m) im Sauerland.

1 Fr
Allerheiligen
Frankfurt/M. (Min./Max. 1988-2017): im Mittel 5,0°C / 12,2°C
Extremwerte: -5,0°C (2012) / 19,8°C (1994)
Sonne: 7:09 – 16:58
Mond: A 11:59 – U 20:14
Tag °C
Nacht °C

2 Sa
Stuttgart (Min./Max. 1988-2017): im Mittel 3,4°C / 12,6°C
Extremwerte: -6,3°C (1991) / 22,3°C (2013)
Sonne: 7:11 – 16:56
Mond: A 12:53 – U 21:10
Tag °C
Nacht °C

3 So
Augsburg (Min./Max. 1988-2017): im Mittel 2,8°C / 10,9°C
Extremwerte: -7,8°C (2003) / 22,0°C (2013)
Sonne: 7:13 – 16:54
Mond: A 13:37 – U 22:11
Tag °C
Nacht °C

Dreifache Wasserscheide

Der Pass Lunghin (2645 m) liegt oberhalb von Maloja im Schweizer Kanton Graubünden. Hier gibt es die einzige dreifache Wasserscheide Europas (außerhalb Russlands). Nach Norden fließt das Wasser über Julia, Albula und Rhein in die Nordsee, nach Süden über Mera, Adda und Po ins Mittelmeer und im Osten geht es von der Innquelle Richtung Schwarzes Meer. Die Aufnahme oben stammt vom 4. November 2004.

Zweite Unwettersaison

Im Rahmen der sogenannten „zweiten Unwettersaison“ gibt es in der der Osthälfte der USA auch im November gelegentlich tornadoträchtige Wetterlagen. Nur etwa fünf Prozent der jährlichen Tornados ereignen sich im November, der Anteil an starken Tornados ist im Spätherbst aber höher als während der klassischen Tornado-Saison in den Frühlingsmonaten. Am 5. November 2017 entwickelten sich im Bereich einer starken Kaltfront mindestens 27 Tornados im Raum Illinois bis Pennsylvania. Der langlebigste Tornado legte eine Strecke von 63 km zurück. An diesem Tag herrschte ein für die Jahreszeit ungewöhnlich starker Temperaturkontrast zwischen arktischer Kaltluft aus Kanada und feucht-warmer Luft aus Süden. Am 17. November 2013 wurden sogar 70 Tornados gezählt, davon allein 55 in den US-Bundesstaaten Illinois und Indiana. Es war die viertgrößte Tornadoserie, die jemals in Illinois beobachtet wurde. Das Football-Spiel der Chicago Bears gegen die Baltimore Ravens musste für zwei Stunden unterbrochen werden. Die Zuschauer wurden aufgefordert, sich in Sicherheit zu bringen.

4 Mo
Hamburg (Min./Max. 1988-2017): im Mittel 3,9°C / 9,4°C
Extremwerte: -6,7°C (1988) / 17,2°C (2015)
Sonne: 7:14 – 16:53
Mond: A 14:12 – U 23:15
Tag °C
Nacht °C

5 Di
Berlin (Min./Max. 1988-2017): im Mittel 3,9°C / 9,5°C
Extremwerte: -4,5°C (1995) / 17,7°C (2015)
Sonne: 7:16 – 16:51
Mond: A 14:40 – U - -
Tag °C
Nacht °C

6 Mi
Düsseldorf (Min./Max. 1988-2017): im Mittel 5,1°C / 11,2°C
Extremwerte: -6,7°C (1995) / 19,8°C (2011)
Sonne: 7:18 – 16:50
Mond: U 0:20 – A 15:04
Tag °C
Nacht °C

7 Do
Erfurt (Min./Max. 1988-2017): im Mittel 3,0°C / 8,7°C
Extremwerte: -7,0°C (1988) / 18,6°C (2015)
Sonne: 7:19 – 16:48
Mond: U 1:25 – A 15:24
Tag °C
Nacht °C

8 Fr
Frankfurt/M. (Min./Max. 1988-2017): im Mittel 4,2°C / 10,4°C
Extremwerte: -6,1°C (1988) / 19,1°C (2015)
Sonne: 7:21 – 16:46
Mond: U 2:30 – A 15:43
Tag °C
Nacht °C

9 Sa
Stuttgart (Min./Max. 1988-2017): im Mittel 2,7°C / 10,2°C
Extremwerte: -6,8°C (1988) / 20,5°C (2015)
Sonne: 7:23 – 16:45
Mond: U 3:35 – A 16:01
Tag °C
Nacht °C

10 So
Augsburg (Min./Max. 1988-2017): im Mittel 1,8°C / 9,1°C
Extremwerte: -7,3°C (1995) / 19,7°C (1996)
Sonne: 7:24 – 16:44
Mond: U 4:41 – A 16:19
Tag °C
Nacht °C

11 Mo
Hamburg (Min./Max. 1988-2017): im Mittel 3,2°C / 8,6°C
Extremwerte: -5,7°C (1999) / 16,6°C (2008)
Sonne: 7:26 – 16:42
Mond: U 5:48 – A 16:39
Tag °C
Nacht °C

12 Di
Berlin (Min./Max. 1988-2017): im Mittel 2,9°C / 8,1°C
Extremwerte: -6,4°C (2016) / 18,5°C (2010)
Sonne: 7:28 – 16:41
Mond: U 6:56 – A 17:02
Tag °C
Nacht °C

13 Mi
Düsseldorf (Min./Max. 1988-2017): im Mittel 4,2°C / 10,1°C
Extremwerte: -5,3°C (1999) / 18,9°C (1995)
Sonne: 7:29 – 16:39
Mond: U 8:06 – A 17:29
Tag °C
Nacht °C

14 Do
Erfurt (Min./Max. 1988-2017): im Mittel 1,9°C / 7,3°C
Extremwerte: -8,0°C (1999) / 18,3°C (2006)
Sonne: 7:31 – 16:38
Mond: U 9:16 – A 18:03
Tag °C
Nacht °C

15 Fr
Frankfurt/M. (Min./Max. 1988-2017): im Mittel 3,5°C / 8,9°C
Extremwerte: -4,5°C (2001) / 18,7°C (2010)
Sonne: 7:32 – 16:37
Mond: U 10:24 – A 18:46
Tag °C
Nacht °C

16 Sa
Stuttgart (Min./Max. 1988-2017): im Mittel 1,8°C / 8,3°C
Extremwerte: -6,2°C (2001) / 19,8°C (2015)
Sonne: 7:34 – 16:35
Mond: U 11:25 – A 19:39
Tag °C
Nacht °C

17 So
Volkstrauertag
Augsburg (Min./Max. 1988-2017): im Mittel 1,2°C / 7,1°C
Extremwerte: -8,9°C (2007) / 18,8°C (2010)
Sonne: 7:36 – 16:34
Mond: U 12:19 – A 20:43
Tag °C
Nacht °C

Wetter und Garten

Die Zier- oder Scheinquitten stammen ursprünglich aus den Bergwäldern Japans, Chinas und Koreas. Die dornigen Sträucher blühen je nach Art von März bis Mai. Zierquitten sind winterhart und auch die Blüten überstehen einen späten Frosteinbruch. Bis zum Herbst entwickeln sich leuchtend gelbe, essbare Früchte mit einem aromatischen Duft. Sie erinnern vom Aussehen her an kleine Quitten, hängen allerdings nicht an einem Baum wie bei echten Quitten, sondern ungestielt an den Strauchzweigen. Zierquitten wachsen am besten an sonnigen bis halbschattigen Standorten mit einem nicht zu kalkhaltigen Boden.

Nach den ersten Frösten wird das Fruchtfleisch von Zierquitten weich. Vögel picken dann die Kerne heraus.

„Wenn im November die Stern' stark leuchten, lässt dies auf bald viel Kälte deuten."

In den langen Novembernächten kühlt die Luft bei klarem Himmel und wenig Wind stark ab. Sind die Sterne ungewöhnlich gut zu sehen, ist die Luft sehr klar und trocken und die Abkühlung durch Ausstrahlung besonders hoch. Leichter bis mäßiger Frost kommt dann häufig vor. Zweistellige Minusgrade treten aber nur auf, wenn in Mitteleuropa bereits eine frühwinterliche Wetterlage mit Polarluft und Schnee herrscht. Solche Verhältnisse gab es beispielsweise in den Jahren 1988, 1993 und 2010.

Medicane in Griechenland

Das Tief „Numa" brachte vom 13. bis 16. November 2017 von Süditalien bis Westgriechenland Überschwemmungen. Am 17. November 2017 bekam „Numa" subtropische Eigenschaften. Kennzeichen dafür sind der symmetrische warme Kern und die fehlenden Fronten. Ein derartiges Tief wird über dem Mittelmeer als Medicane bezeichnet. Am 19. November 2017 zog „Numa" mit Sturmböen über Mittelgriechenland.

18 Mo
Hamburg (Min./Max. 1988-2017): im Mittel 1,1°C / 6,5°C
Extremwerte: -11,0°C (1988) / 15,9°C (2009)
Sonne: 7:37 – 16:33
Mond: U 13:03 – A 21:55
Tag °C
Nacht °C

19 Di
Berlin (Min./Max. 1988-2017): im Mittel 1,1°C / 6,1°C
Extremwerte: -9,7°C (1998) / 15,3°C (2009)
Sonne: 7:39 – 16:32
Mond: U 13:38 – A 23:12
◑
Tag °C
Nacht °C

20 Mi
Buß- und Bettag
Düsseldorf (Min./Max. 1988-2017): im Mittel 2,8°C / 8,5°C
Extremwerte: -9,4°C (1993) / 17,5°C (2009)
Sonne: 7:40 – 16:31
Mond: U 14:08 – A - -
Tag °C
Nacht °C

21 Do
Erfurt (Min./Max. 1988-2017): im Mittel 0,3°C / 5,6°C
Extremwerte: -10,6°C (1988) / 16,4°C (2003)
Sonne: 7:42 – 16:30
Mond: A 0:31 – U 14:33
Tag °C
Nacht °C

22 Fr
Frankfurt/M. (Min./Max. 1988-2017): im Mittel 1,8°C / 7,3°C
Extremwerte: -8,4°C (1988) / 16,3°C (2015)
Sonne: 7:44 – 16:29
Mond: A 1:51 – U 14:56
Tag °C
Nacht °C

23 Sa
Stuttgart (Min./Max. 1988-2017): im Mittel 0,3°C / 6,9°C
Extremwerte: -10,6°C (1993) / 17,2°C (1994)
Sonne: 7:45 – 16:28
Mond: A 3:12 – U 15:18
Tag °C
Nacht °C

24 So
Totensonntag
Augsburg (Min./Max. 1988-2017): im Mittel -0,8°C / 5,2°C
Extremwerte: -10,8°C (1993) / 15,8°C (2015)
Sonne: 7:47 – 16:27
Mond: A 4:32 – U 15:42
Tag °C
Nacht °C

25 Mo
Hamburg (Min./Max. 1988-2017): im Mittel 1,2°C / 5,9°C
Extremwerte: -9,3°C (2010) / 17,1°C (2006)
Sonne: 7:48 – 16:26
Mond: A 5:53 – U 16:08
Tag °C
Nacht °C

26 Di
Berlin (Min./Max. 1988-2017): im Mittel 0,8°C / 5,3°C
Extremwerte: -10,4°C (2010) / 14,9°C (2009)
Sonne: 7:49 – 16:25
Mond: A 7:14 – U 16:39
Tag °C
Nacht °C

27 Mi
Düsseldorf (Min./Max. 1988-2017): im Mittel 2,3°C / 7,7°C
Extremwerte: -7,9°C (1989) / 18,1°C (2006)
Sonne: 7:51 – 16:24
Mond: A 8:30 – U 17:16
Tag °C
Nacht °C

28 Do
Erfurt (Min./Max. 1988-2017): im Mittel -0,4°C / 4,5°C
Extremwerte: -12,1°C (2010) / 14,5°C (2003)
Sonne: 7:52 – 16:23
Mond: A 9:41 – U 18:01
Tag °C
Nacht °C

29 Fr
Frankfurt/M. (Min./Max. 1988-2017): im Mittel 1,3°C / 6,4°C
Extremwerte: -9,7°C (1993) / 15,2°C (2006)
Sonne: 7:54 – 16:23
Mond: A 10:42 – U 18:54
Tag °C
Nacht °C

30 Sa
Stuttgart (Min./Max. 1988-2017): im Mittel -0,3°C / 5,8°C
Extremwerte: -12,6°C (1989) / 16,0°C (1992)
Sonne: 7:55 – 16:22
Mond: A 11:31 – U 19:54
Tag °C
Nacht °C

Kondensstreifen-Rätsel

In den meisten Fällen ähneln Kondensstreifen langgezogenen Linien hinter Flugzeugen. Je nach Temperatur-, Feuchte- und Windverhältnissen können aber auch eigenartige Formen entstehen. Der ungewöhnlich wellenförmige und für ein Flugzeug eigentlich viel zu schmale Kondensstreifen im Bild unten war am 26. November 2013 über Osthessen zu sehen. Sehr ähnliche Formen wurden am 19. November 2015 über dem Chiemgau gesichtet. Es handelt sich hier um aerodynamische Kondensstreifen, die nicht durch die Abgase der Flugzeuge gebildet werden, sondern infolge des Unterdrucks auf der Oberseite der Tragflächen. Dort kühlt sich die Luft ab und kondensiert. Hierbei können größere Eiskristalle entstehen, die länger sichtbar sind und eng beieinander bleiben. Die Kurvenbildung erfolgt sowohl durch rotierende Wirbelschleppen hinter dem Flugzeug, als auch durch vertikal unterschiedliche Windgeschwindigkeiten in der Höhenströmung.

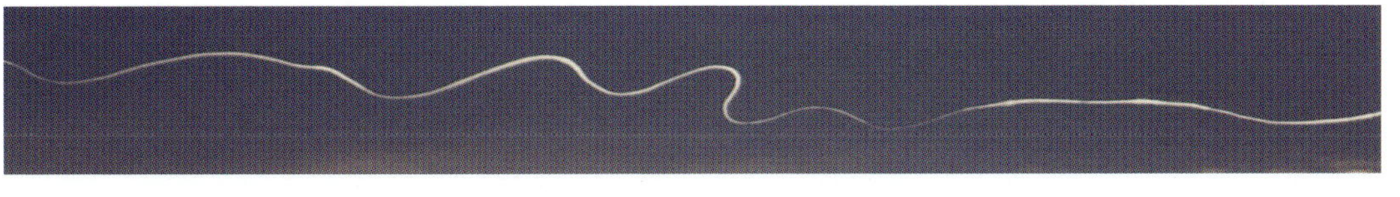

Monatsthema

Holzfeuchte und Holztrocknung

Vom Trocknungsgrad des Holzes hängen fast alle Festigkeitseigenschaften, die Bearbeitbarkeit, der Heizwert beim Verbrennen und die Anfälligkeit für Pilzbefall ab. Grundsätzlich gilt, dass die Feuchte im Holz und in der umgebenden Luft in einem Gleichgewichtszustand stehen. Wird die Luft feuchter, quillt das Holz und umgekehrt schwindet das Holz, wenn die Luft trockener wird. Vor der Verarbeitung sollte das Holz grundsätzlich auf diejenige Feuchte getrocknet werden, die annähernd dem Gleichgewicht seiner späteren Umgebung entspricht. Es macht einen großen Unterschied, ob das Holz zur Außenverkleidung eines Gebäudes oder als Fußboden im Innenbereich dient. Wird Holz mit der falschen Verabeitungsfeuchte verwendet, können Folgeschäden wie Verformungen, Rissbildungen, Verleimungsfehler, Lackschäden und Pilzbefall entstehen.

Abb. 11.1: Mobile Holzfeuchte-Messgeräte messen den elektrischen Widerstand, wofür zwei Elektroden in das Holz gedrückt werden. Sie liefern für Holzfeuchten zwischen 10 und 30 Prozent relativ genaue Werte.

Wasser im Holz

Es gibt zwei Begriffe, die den Feuchtezustand von Holz beschreiben. Beim Wassergehalt wird das Gewicht des im Holz enthaltenen Wassers ins Verhältnis zum Gesamtgewicht des Holzes gesetzt. Bei der Holzfeuchte bezieht sich das Gewicht des Wassers dagegen nur auf die Trockenmasse. Holz mit 50 Prozent Wassergehalt hat also eine Holzfeuchte von 100 Prozent. Enthält Holz mehr Wasser als Holzsubstanz, ergeben sich Holzfeuchten von 120, 150 oder mehr Prozent.

Ein Beispiel: Bei der Messung im Labor wird die Holzprobe bei 105 °C getrocknet, um den Gewichtsverlust durch Verdunstung zu ermitteln. Wenn zum Beispiel von 100 g Holz nach der Trocknung 80 g übrig bleiben, errechnet sich ein Wassergehalt von 20 Prozent – bezogen auf das Anfangsgewicht. Die Holzfeuchte bezieht sich hingegen auf das End-(Trocken-)gewicht. Im Beispiel sind es 25 Prozent (20 g verdunstetes Wasser auf 80 g trockenes Holz).

Waldfrische Laubhölzer haben im Durchschnitt eine Holzfeuchte zwischen 70 und 100 Prozent. Bei frisch geschlagenen Nadelhölzern beträgt die Holzfeuchte typischerweise 55 bis 70 Prozent. Im Kern sind es etwa 35 bis 50 Prozent, beim jungen Holz direkt unter der Rinde dagegen meist 100 bis 150 Prozent. Die Holzfeuchte des frischen Holzes ist damit deutlich zu hoch für eine weitere Verwendung. Bauholz im Freien sollte eine Verarbeitungsfeuchte von 16 bis 25 Prozent haben. Bei Möbeln oder Innentüren werden Werte um 10 Prozent empfohlen, bei Holz für Heizungsverkleidungen etwa 6 bis 7 Prozent. Für Brennholz gilt eine Holzfeuchte von etwa 15 Prozent als optimaler Wert (Abb. 11.1). Das Verbrennen von Holz mit einer Feuchte

Abb. 11.2: Die Freilufttrocknung von Holz wird heute kaum noch eingesetzt, außer zum Vortrocknen oder bei Brennholz.

von mehr als 25 Prozent ist verboten, weil nicht nur die Geruchsbelästigung, sondern auch der Feinstaubgehalt im Abgas drastisch steigt. Außerdem sinkt der Brennwert von feuchtem Holz deutlich, denn dann ist mehr Energie erforderlich, um das im Holz steckende Wasser zu verdampfen.

Natürliche Trocknung

Die älteste Trocknungsmethode ist die Freilufttrocknung (oder natürliche Trocknung), dabei wird dem frischen Holz das Wasser durch die umgebende Luft entzogen. Die Trocknung des gestapelten und möglichst wettergeschützt gelagerten Holzes erfolgt durch die relative Feuchtigkeit der Luft, Wärme und Wind. Das Holz sollte nicht nur gegen Regen und Schnee geschützt sein, sondern auch gegen zu starke Sonneneinstrahlung, da sonst mit Rissbildung zu rechnen ist. Die Freilufttrocknung ist schonend und man erhält schöne Holzfarben, aber sie dauert viele Monate und es werden entsprechend der klimatischen Verhältnisse in Mitteleuropa keine Holzfeuchten unter 15 bis 20 Prozent erreicht (Abb. 11.2).

Technische Trocknung

Die technische Trocknung ist keine Erfindung der Neuzeit. So schrieb der römische Schriftsteller Columella, dass der Kornboden eines Gutshofes umgebaut wurde, damit auf ihm

Abb. 11.3: Durch die technische Trocknung kann das Klima in den Trockenkammern so gesteuert werden, dass ein einheitlicher Trocknungsgrad des Holzes erreicht wird.

Holz durch die Abwärme der im Wohnhaus befindlichen Heizanlage getrocknet werden konnte. Der englische Baumeister Joy entwickelte für die Kriegsmarine 1727 den ersten richtigen Trockenofen für Holz. In den folgenden Jahrzehnten gab es zahlreiche Vorschläge für geheizte Kammern zum Trocknen von Holz. Christian Ludwig Stieglitz schrieb in seiner „Encyklopädie der bürgerlichen Baukunst" im Jahr 1792 von einem „eichenen Kasten mit Kupferkessel in einer Tischlerei, der Nutzholz durchschwitzen lasst gegen eine geringe Bezahlung." In der Zeit zwischen 1800 und 1900 wurden rund 60 Patente zum technischen Trocknen von Holz in der Trockenkammer erteilt. Besonders in Amerika verlangte der stark steigende Bedarf an Holz beim Wohnungsbau und für Exportzwecke eine Abkürzung der Trockenzeiten. So entstanden dort viele Trockenanlagen, die nur das Ziel hatten, möglichst schnell viel Wasser aus dem Holz zu bekommen, ohne dabei auf die Qualität der Trocknung zu achten. Für eine qualitativ hochwertige technische Holztrocknung genügt es nicht, einen Ofen neben einen Holzstapel zu stellen. Das Holz muss vielmehr gleichmäßig durchwärmt und gut belüftet werden (Abb. 11.3). Außerdem muss ein vorzeitiges Trocknen des Holzes an der Oberfläche verhindert werden, das heißt, die Luftfeuchte darf beim Trocknen nicht zu niedrig sein. Andernfalls wird das Holz rissig. Nadelhölzer, egal ob waldfrisch oder luftvorgetrocknet, entwässert man in der technischen Holztrocknung bei Temperaturen zwischen 70 und 85 °C. Laubhölzer im grünen Zustand vertragen nur Temperaturen von 50 bis 70 °C. Wenn die Holzfeuchte unter 30 Prozent sinkt, sind auch hier Temperaturen von 70 bis 85 °C zulässig. Während bei Laubhölzern unterhalb einer Holzfeuchte von 14 bis 15 Prozent die Rissgefahr schnell ansteigt, können Nadelhölzer problemlos auf eine Holzfeuchte von bis zu 12 Prozent getrocknet werden. Diese Verdunstungstrocknung (oder Konvektionstrocknung) wird als häufigstes Verfahren in der technischen Holztrocknung genutzt.

Daneben gibt es weitere Möglichkeiten wie beispielsweise die sogenannte Vakuumtrocknung. Bei ihr setzt man das Trockengut einem Unterdruck aus. Bei niedrigerem Druck hat Wasser eine niedrigere Siedetemperatur. Damit ist eine relativ schnelle Trocknung bei niedrigen Temperaturen möglich. Die erreichbare Trocknungszeit reduziert sich um etwa 25 bis 50 Prozent gegenüber der Verdunstungstrocknung. Bei einer Vakuumanlage fallen aber hohe Investitionskosten an. Vakuumtrockner eignen sich bei besonders dicken Querschnitten und bei temperaturempfindlichen Hölzern. Nach wie vor wird daran gearbeitet, die verschiedenen Holztrocknungsverfahren weiter zu verbessern, zum Beispiel mittels computergesteuerter Regelungstechnik.

Bei Temperaturen unter dem Gefrierpunkt ziehen sich Baumstämme zusammen. Diese Tatsache wurde schon im 19. Jahrhundert bekannt, systematische Messungen über längere Zeitabschnitte gibt es aber erst seit einigen Jahrzehnten. Durch Temperatureffekte allein sind die Schwankungen des Baumumfangs um einige Millimeter nicht erklärbar, da die thermische Expansion von Holz dafür zu klein ist. Bei Temperaturen unterhalb etwa -5 °C findet vielmehr ein Wassertransport von der Rinde in das Holzgewebe im Stamminneren statt. Dies ist gleichzeitig auch ein Schutzmechanismus für die lebenden Zellen der Rinde gegenüber dem Frost. Die Verringerung des Baumumfangs ist nach Wiedererwärmung reversibel, das heißt, die Stämme schwellen rasch wieder auf ihre ursprüngliche Größe an.

Wetter und Natur

Salat aus der Dunkelkammer

Der Anbau von Chicorée ist aufwendig, denn dazu sind mehrere Kulturphasen nötig. Zunächst werden im Mai die Samen im Freiland ausgebracht. Die Chicorée-Wurzeln wachsen danach während des Sommers langsam und dringen dabei tief in den Boden ein. Oberirdisch bildet sich eine flache Blattrosette. Ab September werden die Wurzeln geerntet und anschließend in Kühlräumen eingelagert. Bei Temperaturen von wenig über 0 °C und einer hohen Luftfeuchte wird der Winter simuliert. Die Wurzeln benötigen mindestens zehn Tage Ruhezeit, können aber auch deutlich länger lagern, um so die Chicorée-Produktion über einen Zeitraum von mehreren Monaten zu ermöglichen.
Nach der „Winterruhe" werden die Wurzeln in übereinander gestapelte, mit Wasser gefüllte Bassins aufrecht gesetzt. Zum Austreiben sind wärmere Temperaturen zwischen 12 und 17 °C sowie absolute Dunkelheit nötig. Nach etwa 20 bis 25 Tagen sind die aus den Wurzeln wachsenden Chicoréesprosse groß genug für die Ernte. Sie werden einzeln von den Wurzeln abgetrennt, geputzt und verpackt. Die Wurzeln selbst sind ebenfalls essbar und lassen sich zu Zichorienkaffee verarbeiten.

Chicorée ist sehr lichtempfindlich. Bereits nach vier Stunden mit normaler Raumbeleuchtung werden vermehrt Bitterstoffe gebildet und es kommt zur Chlorophyllbildung, wodurch sich die Blätter grün färben.

Dezember in Cancún

Cancún (21° 10' N, 86° 51' W) liegt im Nordosten der mexikanischen Halbinsel Yucatán. Ursprünglich handelte es sich um eine Insel mit drei Einwohnern, bis im Januar 1970 die Entwicklung zur riesigen Hotelstadt entlang des 23 Kilometer langen Sandstrandes begann. In der Region ist es tropisch warm und an vielen Tagen des Jahres dazu auch sehr schwül. Die mittleren Höchstwerte liegen im Dezember bei 29 °C und nächtlichen Tiefstwerten um 20 °C. In einer kühlen Nordströmung sinken die Temperaturen gelegentlich bis unter 15 °C. An der Küste bleiben die Temperaturen tagsüber etwas niedriger und der Wind weht dort stärker als am landeinwärts gelegenen Flughafen, an dem die Wetterdaten erfasst werden. Im Dezember geht die Hurrikansaison zu Ende, es gibt aber im Mittel noch zehn Tage mit Gewitterregen. Die Wassertemperatur liegt im Dezember bei 27 °C und geht auch in den Folgemonaten nur leicht zurück.

Wetterwissen

Regenmessung im Mobilfunknetz

Die Regenmenge, die in einer bestimmten Zeit fällt, lässt sich mit Hilfe von Messgeräten oder mittels Regenradar erfassen (siehe auch Wetterjahr 2018, Monatsthema Februar: Die Geschichte der Niederschlagsmessung). Daneben wurde in den letzten Jahren noch eine weitere Methode erforscht. Regentropfen verursachen nämlich auch Strahlungsschwankungen zwischen Sendemasten von Mobilfunknetzen. Die Tropfen sind etwa so groß wie die Wellenlänge der Mikrowellenstrahlung der mit einer Frequenz von 15 und 40 Gigahertz betriebenen Richtfunkstrecken und dämpfen deshalb die Strahlung in diesem Frequenzbereich. Ausgewertet werden dabei nur Leistungsschwankungen der Sende- und Empfangsleistung, nicht aber Details der Kommunikation. Je stärker es regnet, desto stärker ist der Leistungsabfall zwischen zwei Antennen. Von dieser Beeinträchtigung des Funksignals bemerkt man in der Regel wenig. Nur bei extremem Starkregen kann die Strahlung so sehr gedämpft werden, dass die Kommunikation zwischen den Mobilfunkmasten aussetzt und die Verbindung abbricht. Die Empfindlichkeit des Messverfahrens ist genauso hoch wie bei den klassischen Methoden der Regenmessung. Die Nachweisgrenze liegt bei einer Regenrate von einem Millimeter pro Stunde. Für Schnee funktioniert die Methode wegen der besonderen Struktur dieser Niederschlagsart jedoch nicht.

Regentropfen dämpfen die Ausbreitung der elektromagnetischen Wellen zwischen den Mobilfunkmasten. Die daraus entwickelte Methode der Niederschlagsmessung hat in Ländern Potenzial, in denen es nur wenige oder gar keine Wetterstationen und Regenradargeräte gibt, jedoch ein dichtes Mobilfunknetz vorhanden ist.

Typische Wetterlagen im Dezember

West, Südwest: Milde Temperaturen (5 bis über 10 °C) und schneller Wechsel zwischen Regenwetter und Phasen mit Wetterberuhigung. Besonders in Mittel- und Norddeutschland Durchzug von Regengebieten, dazu oft starker Wind. Nach Süden hin und in den Alpen zeitweise sonnig.

Nordwest, Nord, Tiefdrucklage über Mitteleuropa: Nasskaltes Wetter. Immer wieder Regen und Schnee bei 1 bis 6 °C, dazwischen etwas Sonne. Oberhalb 500 bis 900 m teilweise viel Neuschnee, in tiefen Lagen keine dauerhafte Schneedecke.

Nordost, Ost: Bei Beginn dieser Wetterlage Schnee bis in die Tieflagen, dann immer mehr Sonne bei eisig kaltem Wind. Dauerfrost zwischen -8 und -1 °C, in klaren Nächten über Schnee Temperaturen unter -15 °C. Derartige Kälteeinbrüche sind im Dezember meist nur von kurzer Dauer.

Südost, Süd, Hochdrucklage über Mitteleuropa: Im Flachland Dunst oder Hochnebel, mäßig kalt bei -3 bis 3 °C. In den Mittelgebirgen und Alpen dagegen sehr sonnig bei guter Fernsicht. In 700 bis 1500 m mit 0 bis 7 °C wärmer als im Flachland. Fällt bei Umstellung auf Westwetter Regen durch diese warme Luft auf den gefrorenen Boden im Flachland, kommt es zu Glatteis.

Schirokko auf Kreta

Anfang Dezember 2017 stieg die Temperatur in Heraklion im starken Südwind auf 22 °C.

1 So Augsburg (Min./Max. 1988-2017): im Mittel -1,1°C / 4,2°C
Extremwerte: -14,9°C (2010) / 15,9°C (2009)
Sonne: 7:56 – 16:21
Mond: A 12:11 – U 20:58

1. Advent, Klimatologischer Winteranfang

Tag °C

Nacht °C

2 Mo
Hamburg (Min./Max. 1988-2017): im Mittel 0,8°C / 5,4°C
Extremwerte: -12,1°C (2012) / 14,9°C (2006)
Sonne: 7:58 – 16:21
Mond: A 12:43 – U 22:04
Tag °C
Nacht °C

3 Di
Berlin (Min./Max. 1988-2017): im Mittel 0,2°C / 4,8°C
Extremwerte: -13,4°C (2010) / 15,1°C (2006)
Sonne: 7:59 – 16:20
Mond: A 13:08 – U 23:10
Tag °C
Nacht °C

4 Mi
Düsseldorf (Min./Max. 1988-2017): im Mittel 1,8°C / 7,0°C
Extremwerte: -9,8°C (2010) / 16,3°C (2006)
Sonne: 8:00 – 16:20
Mond: A 13:29 – U --
Tag °C
Nacht °C

5 Do
Erfurt (Min./Max. 1988-2017): im Mittel -1,1°C / 3,8°C
Extremwerte: -16,0°C (2010) / 14,6°C (2000)
Sonne: 8:02 – 16:19
Mond: U 0:15 – A 13:49
Tag °C
Nacht °C

6 Fr
Frankfurt/M. (Min./Max. 1988-2017): im Mittel 0,8°C / 5,9°C
Extremwerte: -8,7°C (2012) / 15,3°C (2006)
Sonne: 8:03 – 16:19
Mond: U 1:20 – A 14:06
Tag °C
Nacht °C

7 Sa
Stuttgart (Min./Max. 1988-2017): im Mittel -0,4°C / 5,4°C
Extremwerte: -13,6°C (2010) / 15,2°C (2006)
Sonne: 8:04 – 16:19
Mond: U 2:25 – A 14:24
Tag °C
Nacht °C

8 So
Augsburg (Min./Max. 1988-2017): im Mittel -1,4°C / 4,0°C
Extremwerte: -15,5°C (2010) / 15,3°C (2006)
Sonne: 8:05 – 16:19
Mond: U 3:31 – A 14:43
2. Advent, Mariä Empfängnis
Tag °C
Nacht °C

„Neuer Schnee, neue Kälte."

Wenn sich nach einem Schneefall ein Hoch durchsetzt, kühlt die Luft in den klaren Winternächten besonders stark aus. Schnee strahlt nämlich effektiver Wärme ab als ein schneefreier Boden. In einer ursprünglich nur mäßig kalten Luft können so dennoch strenge Nachtfröste auftreten.

Wilde Nacht auf Island

In der Nacht zum 8. Dezember 2015 war Island vom stärksten Orkan seit 25 Jahren betroffen. Das Zentrum des Orkantiefs lag südlich von Island, dementsprechend kam der Wind aus Osten. Die in Reykjavik gemessene Windgeschwindigkeit von 119 km/h war vergleichsweise niedrig, denn an zahlreichen Orten erreichte der Wind in Böen über 150 km/h. Spitzenreiter war die Station Hallormsstaðaháls (721 m) in Ostisland mit 263 km/h. Auf den sehr exponiert gelegenen Westmännerinseln vor der isländischen Südküste flogen das komplette Dach eines Hauses und auch der Windmesser der Wetterstation davon. Insgesamt hielten sich die Auswirkungen des Orkans aber in Grenzen.

Wetter und Garten

Hopfen ist eine Kletterpflanze, die auch in Pflanzgefäßen gedeiht und bei ausreichender Wasser- und Nährstoffversorgung an Rankhilfen sehr schnell wächst. Als einheimische Pflanze benötigt Hopfen im Freiland keinen Winterschutz. Auf Balkonen und Terrassen können jedoch zu häufige und zu starke Temperaturschwankungen den Wurzelstock schädigen. Bei Sonnenschein kommt es tagsüber zu einer starken Erwärmung, während in der Nacht unter Umständen wieder Frost herrscht und die Erde dann deutlich schneller als an Freilandstandorten durchfriert. Die Pflanzgefäße sollten daher nicht direkt in der Sonne stehen, sondern auf der Nordseite des Hauses überwintert werden.

Hopfen zieht im Herbst ein und lässt nur vertrocknete Hopfenranken zurück.

9 Mo
Hamburg (Min./Max. 1988-2017): im Mittel 0,4°C / 5,1°C
Extremwerte: -10,8°C (2002) / 13,3°C (2000)
Sonne: 8:06 – 16:18
Mond: U 4:39 – A 15:05
Tag °C
Nacht °C

10 Di
Berlin (Min./Max. 1988-2017): im Mittel 0,0°C / 4,6°C
Extremwerte: -14,0°C (1998) / 14,2°C (2000)
Sonne: 8:07 – 16:18
Mond: U 5:49 – A 15:30
Tag °C
Nacht °C

11 Mi
Düsseldorf (Min./Max. 1988-2017): im Mittel 1,4°C / 6,4°C
Extremwerte: -10,7°C (2002) / 14,1°C (1998)
Sonne: 8:08 – 16:18
Mond: U 7:00 – A 16:01
Tag °C
Nacht °C

12 Do
Erfurt (Min./Max. 1988-2017): im Mittel -1,4°C / 3,5°C
Extremwerte: -13,3°C (1998) / 13,1°C (2000)
Sonne: 8:09 – 16:18
Mond: U 8:11 – A 16:40
Tag °C
Nacht °C

13 Fr
Frankfurt/M. (Min./Max. 1988-2017): im Mittel 0,5°C / 5,4°C
Extremwerte: -11,4°C (1991) / 14,1°C (1989)
Sonne: 8:10 – 16:18
Mond: U 9:17 – A 17:31
Tag °C
Nacht °C

14 Sa
Stuttgart (Min./Max. 1988-2017): im Mittel -1,6°C / 4,7°C
Extremwerte: -13,3°C (2012) / 15,8°C (1989)
Sonne: 8:11 – 16:18
Mond: U 10:15 – A 18:32
Tag °C
Nacht °C

15 So
3. Advent
Augsburg (Min./Max. 1988-2017): im Mittel -2,3°C / 3,5°C
Extremwerte: -18,9°C (2012) / 14,6°C (2000)
Sonne: 8:12 – 16:18
Mond: U 11:03 – A 19:43
Tag °C
Nacht °C

16 Mo Hamburg (Min./Max. 1988-2017): im Mittel -0,1°C / 4,5°C
Extremwerte: -11,8°C (2009) / 14,0°C (1989)
Sonne: 8:13 – 16:18
Mond: U 11:42 – A 21:00
Tag °C
Nacht °C

17 Di Berlin (Min./Max. 1988-2017): im Mittel -0,6°C / 3,7°C
Extremwerte: -14,8°C (2010) / 14,5°C (1989)
Sonne: 8:13 – 16:19
Mond: U 12:13 – A 22:19
Tag °C
Nacht °C

18 Mi Düsseldorf (Min./Max. 1988-2017): im Mittel 1,3°C / 6,3°C
Extremwerte: -14,2°C (2009) / 16,2°C (1989)
Sonne: 8:14 – 16:19
Mond: U 12:39 – A 23:39
Tag °C
Nacht °C

19 Do Erfurt (Min./Max. 1988-2017): im Mittel -1,8°C / 3,2°C
Extremwerte: -17,6°C (2009) / 14,1°C (1989)
Sonne: 8:15 – 16:19
Mond: U 13:02 – A - -
Tag °C
Nacht °C

20 Fr Frankfurt/M. (Min./Max. 1988-2017): im Mittel -0,1°C / 5,0°C
Extremwerte: -16,1°C (2009) / 16,3°C (1989)
Sonne: 8:15 – 16:20
Mond: A 0:58 – U 13:24
Tag °C
Nacht °C

21 Sa Stuttgart (Min./Max. 1988-2017): im Mittel -1,4°C / 4,7°C
Extremwerte: -15,4°C (2009) / 16,0°C (1989)
Sonne: 8:16 – 16:20
Mond: A 2:16 – U 13:46
Tag °C
Nacht °C

22 So Augsburg (Min./Max. 1988-2017): im Mittel -2,3°C / 3,4°C
Extremwerte: -19,0°C (2009) / 16,7°C (1989)
Sonne: 8:16 – 16:21
Mond: A 3:35 – U 14:10
4. Advent, astronomischer Winteranfang (5:19 MEZ)
Tag °C
Nacht °C

Schneewaagen in Zürich

Große Schneelasten auf Dächern können statische Probleme verursachen. Auch wenn in den vergangenen Jahren die milden Winter in der Überzahl waren, gilt das Schweizer Mittelland nach wie vor als eine Region, in der große Schneelasten möglich sind. Zur Überwachung der Dachbelastung hat die Immobilien Stadt Zürich (IMMO) an drei Standorten im Stadtgebiet Schneewaagen eingerichtet. Dabei handelt es sich um die Flachdächer von zwei Sportanlagen und einer Schule. Gemessen wird der Druck der Schneemasse auf die Unterlage. Während der Wintersaison werden die aktuellen Schneelasten mehrmals täglich erfasst und bei Bedarf automatisch Warnungen ausgegeben.

Die Schneewaage auf dem Dach des Hallenbad City im Zentrum von Zürich.

Wetterideale zum Fest

Das Ideal einer geschlossenen Schneedecke zu Weihnachten entstand Mitte des 19. Jahrhunderts. So ist in den Jahren um 1860 eine markante Wandlung auf den Postkarten zum Fest zu beobachten. Zuvor war darauf kein Schnee abgebildet, vielmehr prägten herbstliche Szenerien die Festtagskarten. Als Weihnachtsdekoration wurden beispielsweise Weintrauben gewählt. Aus dem Jahr 1863 stammt eine der ersten modernen Weihnachtskarten. Die Karte zeigt den Weihnachtsmann auf einem verschneiten Dach sitzend. Hinter ihm liegt eine weiße Dorfidylle, über der der Vollmond scheint. Möglicherweise waren die Bilder vom winterlichen Neuengland in den USA inspiriert. Dort liegt zu Weihnachten wesentlich häufiger Schnee als in Mitteleuropa. Bald kamen die romantischen Postkarten in Mode, vor allem Auswanderer schickten sie aus den USA an ihre Verwandten in Europa. Bislang hatten die Europäer das Winterklima eher gefürchtet. In der Folge zeigten selbst australische Weihnachtskarten verschneite Landschaften, obwohl dort im Dezember Hochsommer herrscht.

23 Mo
Hamburg (Min./Max. 1988-2017): im Mittel 0,3°C / 4,9°C
Extremwerte: -14,0°C (2010) / 14,2°C (2015)
Sonne: 8:17 – 16:21
Mond: A 4:53 – U 14:38
Tag °C
Nacht °C

24 Di
Heiligabend
Berlin (Min./Max. 1988-2017): im Mittel -0,3°C / 4,2°C
Extremwerte: -15,8°C (1996) / 15,1°C (2015)
Sonne: 8:17 – 16:22
Mond: A 6:10 – U 15:11
Tag °C
Nacht °C

25 Mi
1. Weihnachtsfeiertag
Düsseldorf (Min./Max. 1988-2017): im Mittel 1,6°C / 6,3°C
Extremwerte: -13,2°C (1995) / 14,9°C (2015)
Sonne: 8:18 – 16:22
Mond: A 7:22 – U 15:51
Tag °C
Nacht °C

26 Do
2. Weihnachtsfeiertag
Erfurt (Min./Max. 1988-2017): im Mittel -1,3°C / 3,6°C
Extremwerte: -23,5°C (1996) / 14,5°C (2013)
Sonne: 8:18 – 16:23
Mond: A 8:27 – U 16:40
Tag °C
Nacht °C

27 Fr
Frankfurt/M. (Min./Max. 1988-2017): im Mittel 0,3°C / 5,3°C
Extremwerte: -16,9°C (1996) / 14,6°C (1997)
Sonne: 8:18 – 16:24
Mond: A 9:22 – U 17:38
Tag °C
Nacht °C

28 Sa
Stuttgart (Min./Max. 1988-2017): im Mittel -1,6°C / 4,7°C
Extremwerte: -18,5°C (2001) / 16,1°C (2012)
Sonne: 8:18 – 16:25
Mond: A 10:07 – U 18:41
Tag °C
Nacht °C

29 So
Augsburg (Min./Max. 1988-2017): im Mittel -2,7°C / 3,5°C
Extremwerte: -19,7°C (2001) / 14,9°C (2012)
Sonne: 8:18 – 16:25
Mond: A 10:42 – U 19:47
Tag °C
Nacht °C

30 Mo
Hamburg (Min./Max. 1988-2017): im Mittel -1,0°C / 3,8°C
Extremwerte: -19,3°C (1997) / 12,7°C (1999)
Sonne: 8:19 – 16:26
Mond: A 11:10 – U 20:54

Tag °C

Nacht °C

31 Di
Silvester
Berlin (Min./Max. 1988-2017): im Mittel -1,8°C / 3,1°C
Extremwerte: -17,9°C (1997) / 14,2°C (1999)
Sonne: 8:19 – 16:27
Mond: A 11:33 – U 22:00

Tag °C

Nacht °C

Schnee-Nachhilfe

Im Engadin lag Ende Dezember 2015 wie in vielen anderen Alpenregionen praktisch kein Naturschnee. Für den Wintersport wurden in einigen kalten Nächten Kunstschneestreifen angelegt. Eine ähnliche Situation gab es im Dezember 2011.

Monatsthema

Exoplaneten

Lange rätselte man, ob auch außerhalb unseres Sonnensystems Planeten existieren. Die Wahrscheinlichkeit sprach auf jeden Fall dafür, wenn man bedenkt, dass es vermutlich 100 bis 300 Milliarden Sterne allein in der Milchstraße gibt, ganz zu schweigen von den Milliarden Galaxien (Abb. 12.1). 1992 wurden dann die ersten extrasolaren Planeten (kurz Exoplaneten) entdeckt, sie umkreisen den Pulsar PSR 1257+12 im Sternbild Jungfrau. Inzwischen kennt man über 3800 Exoplaneten. Wie man diese teils bizarren, teils erdähnlichen Himmelskörper aufspürt und welche Rolle ihre Atmosphären bei ihrer Identifizierung spielen, soll in diesem Monatsthema behandelt werden.

Kurze Geschichte der Entdeckung

Bereits im 16. Jahrhundert vermutete der italienische Gelehrte Giordano Bruno (Abb. 12.2) in seiner 1584 veröffentlichten Schrift „De l'infinito universo e mondi" (Über das Unendliche, das Universum und die Welten), dass es unendlich viele Welten, die unserer eigenen ähneln, geben müsse. Auch Isaac Newton erwähnte in einem Anhang zur zweiten Auflage (1713) seiner berühmten „Philosophiae Naturalis Principia Mathematica" (Mathematische Prinzipien der Naturlehre) die Möglichkeit ferner Planeten. Sowohl im 19. als auch im 20. Jahrhundert meinte man aus Unregelmäßigkeiten der Bahnparameter

Abb. 12.1: Die rund 2,5 Millionen Lichtjahre entfernte Andromedagalaxie M31 enthält ungefähr eine Billion Sterne. Entsprechend groß dürfte die Anzahl von Planeten allein in dieser Galaxie sein.

einiger Sterne auf die Existenz von Planeten schließen zu können. Diese Schlussfolgerungen sollten sich jedoch bei genauerer Überprüfung als falsch herausstellen. Andererseits wurden wohl in den 1980er Jahren gefundene Objekte aufgrund mangelnder Messtechnik nicht als Planeten erkannt. Erstmals wirklich bestätigt wurden dann 1992 drei Planeten im Sternbild Jungfrau, die einen Neutronenstern, den Pulsar PSR 1257+12, umkreisen. Der erste Planet mit einem sonnenähnlichen Zentralgestirn wurde 1995 im Sternbild Pegasus entdeckt. Es handelte sich um den etwa 40 Lichtjahre entfernten Planeten 51 Pegasi b, der innerhalb von 4,2 Tagen den Stern Pegasi 51 umrundet. In den folgenden Jahrzehnten explodierte die Anzahl der bestätigten Exoplaneten geradezu, so dass man bis heute (Stand 31. Oktober 2018, Quelle: Exoplanet.eu) 3874 Planeten in 2892 Sternsystemen gefunden hat.

Abb. 12.2: Giordano Bruno (1548 - 1600) war seiner Zeit weit voraus, was ihn letztendlich das Leben kostete. Er wurde von der Inquisition hingerichtet.

Messmethoden

In der Regel werden Exoplaneten nicht direkt nachgewiesen, weil sie im Vergleich zu ihrem Zentralstern zu klein und lichtschwach sind. Deshalb kommen meist indirekte Messmethoden zum Einsatz, die eine Änderung im Signal des Zentralsterns registrieren. Dies kann ein periodischer Abfall der Helligkeit sein, wenn ein Planet vor dem Stern vorüberzieht (**Transitmethode**) oder eine durch Bahnstörungen bedingte Veränderung im Spektrum (**Radialgeschwindigkeitsmethode**), beziehungsweise zeitliche Verschiebung eines periodisch ausgesandten Pulses (**Lichtlaufzeitmethode**). So wurden die ersten Planeten mit der Lichtlaufzeitmethode entdeckt. Da sich ein Stern (in diesem Fall ein Pulsar) und seine Planeten um den gemeinsamen Schwerpunkt bewegen, kommt es je nach Bewegungsrichtung zu einer Verkürzung oder Verlängerung der Laufzeit des Signals. Diese Veränderungen in der ursprünglichen Periode der abgestrahlten Pulse deuten auf die Existenz weiterer Körper in dem Sternsystem hin. Ähnlich funktioniert die Radialgeschwindigkeitsmethode. Dabei verschiebt sich das Spektrum des Sterns je nach Bewegungsrichtung zu kürzeren oder längeren Wellenlängen hin (Dopplereffekt). Dies sind die gängigsten, indirekten Methoden um Planeten anderer Sternsysteme nachzuweisen. Inzwischen gelang es in Ausnahmefällen aber auch schon Exoplaneten direkt nachzuweisen. So wurde erstmals am 10. September 2004 ein extrasolarer Planet auf einer Aufnahme des Very Large Telescope (VLT), das in Nordchile stationiert ist (Abb. 12.3), entdeckt.

Abb. 12.3: Das Very Large Telescope (VLT) befindet sich auf dem Paranal im Norden Chiles. Um für das VLT ein Plateau zu schaffen, wurde der Gipfel durch Sprengungen von 2660 auf 2635 m abgetragen.

Der Planet umkreist in einem Abstand von etwa 8,2 Milliarden Kilometern den Braunen Zwerg 2M1207 im Sternbild Wasserschlange (Abb. 12.4).

Klassifikation

Die oben genannten Methoden dienen jedoch nicht nur dem Nachweis der Planeten. Es lassen sich auch Informationen über Masse, Radius, Temperatur und Atmosphäre gewinnen. Eine wichtige Rolle spielt hier die Transitmethode, mit der diese Parameter prinzipiell entweder allein (Radius, Temperatur) oder in Kombination mit der Radialgeschwindigkeitsmethode (Masse) gemessen werden können. Zieht nämlich ein Planet an seinem Zentralstern vorüber (Abb. 12.5), lässt sich nicht nur sein Radius bestimmen. Vergleicht man außerdem das ankommende Spektrum vor und nach dem Durchgang, erhält man aus der Differenz das Planetenspektrum. Ebenso verfährt man, wenn der Planet vom Stern bedeckt wird. Auf diese Weise misst man beispielsweise die vom Planeten stammende Infrarotstrahlung und erhält damit seine Temperatur. Besitzt der Planet eine Atmosphäre, lassen sich bei einem Vorübergang Informationen über ihre Zusammensetzung gewinnen, denn die Strahlung des Zentralsterns durchquert die Planetenatmosphäre und es entstehen im Spektrum Absorptionslinien, die Rückschlüsse auf die Atmosphärenbestandteile ermöglichen.

Die erfassten Planeten teilt man grob in drei Kategorien ein: Gasriesen, Gasplaneten und Gesteinsplaneten. Gasriesen und Gasplaneten ähneln den Planeten Jupiter beziehungsweise Neptun. Befinden sich diese

Planeten in der Nähe ihres Zentralsterns, werden sehr hohe Temperaturen erreicht, man bezeichnet so einen Planeten deshalb auch als „Heißen Jupiter" und „Heißen Neptun". Bei den aufgefundenen Gesteinsplaneten handelt es sich in den meisten Fällen um massereiche Objekte, sogenannte „Supererden" (Abb. 12.6).
Trotz großer Fortschritte in der Messtechnik gibt es aber immer noch erhebliche Unsicherheiten sowohl beim Nachweis als auch bei der Beschreibung der Planeten. So muss man beispielsweise bei der Transitmethode unterscheiden, ob nicht eine Störung des Sterns (Ausbrüche, Sternenflecken) für die Differenzen in der Strahlung verantwortlich sind. Um diese Ursachen auszuschließen, beobachtet man deshalb mehrere Durchgänge. Zudem ist es vor allem bei kleineren Planeten schwierig, Informationen über die Atmosphäre zu erhalten. Es ist auch leicht einzusehen, dass vor allem große Gasplaneten erfasst werden, während kleinere Gesteinsplaneten eher unterrepräsentiert sind. Man hofft, dass mit einer neuen Generation von Instrumenten wie dem James-Webb-Weltraumteleskop der NASA oder des ELT (Extremely Large Telescope) der ESO (Europäische Südsternwarte), die 2020 beziehungsweise 2024 ihren Betrieb aufnehmen sollen, deutliche Verbesserungen im Nachweis und der Erforschung extrasolarer Planeten erreicht werden.

Suche nach Lebensformen

Eine spezielle Aufgabe bei der Erforschung extrasolarer Planetensysteme ist die Suche nach lebensfreundlichen Planeten sowie der Nachweis, dass dort auch Lebensformen existieren. Bei dem Begriff „Leben" bezieht man sich auf die Art von Leben, die man von der Erde her kennt, also Lebewesen, deren Zellaufbau und Stoffwechsel auf Kohlenstoffbasis beruhen. Planeten, auf denen solche Lebensformen existieren können, müssen bestimmte Voraussetzungen erfüllen. So muss Wasser in flüssiger Form vorkommen, denn die biochemischen Reaktionen des Kohlenstoffs benötigen Wasser als Lösungsmittel. Es müssen also auf dem Planeten (an der Oberfläche oder unterirdisch) die richtigen Temperaturverhältnisse herrschen. Auch die Strahlungsbelastung aus dem Weltraum, insbesondere durch den Zentralstern, sollte nicht zu groß sein, so dass es entweder eine geeignete Atmosphäre oder andere Schutzmechanismen (Ozeane, unterirdische Aufenthaltsgebiete) geben muss. Ein weiteres Kriterium ist die Lebensdauer eines Sterns, die hoch genug sein muss, um die Entwicklung von Lebensformen zu ermöglichen.
Aufgrund dieser Einschränkungen lassen sich schon viele Planeten ausschließen. Entweder ist der Zentralstern, beziehungsweise der Planet selbst, nicht geeignet, oder der Planet befindet sich nicht in der richtigen Entfernung von seinem Stern um lebensfreundliche Bedingungen aufrechtzuerhalten. Man konzentriert sich deshalb auf

Abb. 12.4: Das aus drei Infrarot-Aufnahmen zusammengesetzte Bild zeigt den Braunen Zwerg 2M1207 (Bildmitte) und seinen Begleiter, den jupiterähnlichen Planeten 2M1207b.

Planeten, die sich in der sogenannten „habitablen Zone“ um einen nicht zu aktiven Stern befinden. Die Lage der habitablen Zone hängt sowohl von der Leuchtkraft des Sterns, als auch von den Gegebenheiten auf dem Planeten (Art und Dicke der Atmosphäre, Albedo, unterirdische Wasservorkommen, geologische Aktivität) ab.
Der nächste Schritt ist dann die Suche nach Hinweisen auf biologische Aktivitäten. Dabei versucht man mittels Spektralanalyse in der Atmosphäre chemische Elemente und Verbindungen zu identifizieren, die üblicherweise von Lebewesen erzeugt werden. Dazu gehören beispielsweise Sauerstoff und Methan. Allerdings ist dieses Unterfangen nicht ganz einfach. Denn es besteht die Gefahr, dass der Nachweis solcher Verbindungen fälschlicherweise auf die Existenz von Lebensformen zurückgeführt wird. So könnten Sauerstoff und Ozon durch die Wechselwirkung von ultravioletter Strahlung mit Kohlendioxidmolekülen entstehen. Methan wiederum wird auch bei Vulkanausbrüchen freigesetzt. Weist man jedoch beide Verbindungen zusammen nach, deutet dies schon eher auf biologische Vorgänge hin, da sowohl Sauerstoff in einer methanhaltigen Atmosphäre als auch Methan bei einem hohen Sauerstoffgehalt nicht lange ohne dauerhaften Nachschub existieren können. Dies ist nur ein Beispiel, mit welchen Schwierigkeiten man bei der Suche nach außerirdischen Lebensformen zu kämpfen hat. Aber selbst wenn man bisher nicht fündig wurde, so hat man dennoch schon viele faszinierende, ungewöhnliche Planeten entdeckt. Eine kleine Auswahl soll nun kurz vorgestellt werden.

Abb. 12.5: Der neptunähnliche Planet HATP-11-B beim Transit vor seiner Sonne. Dabei wurde im Spektrum der Planetenatmosphäre Wasserdampf nachgewiesen (künstlerische Darstellung).

Faszinierende fremde Welten

Der „Heiße Jupiter“ **HD 189733 b**, der sich in etwa 63 Lichtjahren Entfernung im Sternbild Füchslein befindet, ähnelt mit seiner blauen Farbe auf den ersten Blick der Erde. Ansonsten unterscheiden sich diese beiden Planeten jedoch erheblich. So werden in der Atmosphäre von HD 189733 b Temperaturen von über 1000 °C und Windgeschwindigkeiten von über 7000 km/h erreicht. Bemerkenswert sind auch hohe Wolken, die aus Silikatpartikeln bestehen. Es könnte somit unter den vorherrschenden Bedingungen zu heftigen Regenfällen von geschmolzenem Glas kommen.
Auch auf dem 1000 Lichtjahre entfernten Planeten **HAT-P-7b** im Sternbild Schwan könnte es zu ungewöhnlichen Niederschlägen kommen. Die Wolken dort scheinen aus Korund, einem Grundbestandteil von Saphiren und Rubinen, zu bestehen. Da der Planet seinem Stern immer dieselbe Seite zuwendet (gebundene Rotation), kommt es zu enormen Temperaturunterschieden zwischen Tag- und Nachtseite, die heftige Stürme auslösen.
Ein weiterer interessanter Planet, ebenfalls im Sternbild Schwan, ist **KELT-9b**. Auch er befindet sich in gebundener Rotation um seinen Stern, umkreist diesen aber auf einer

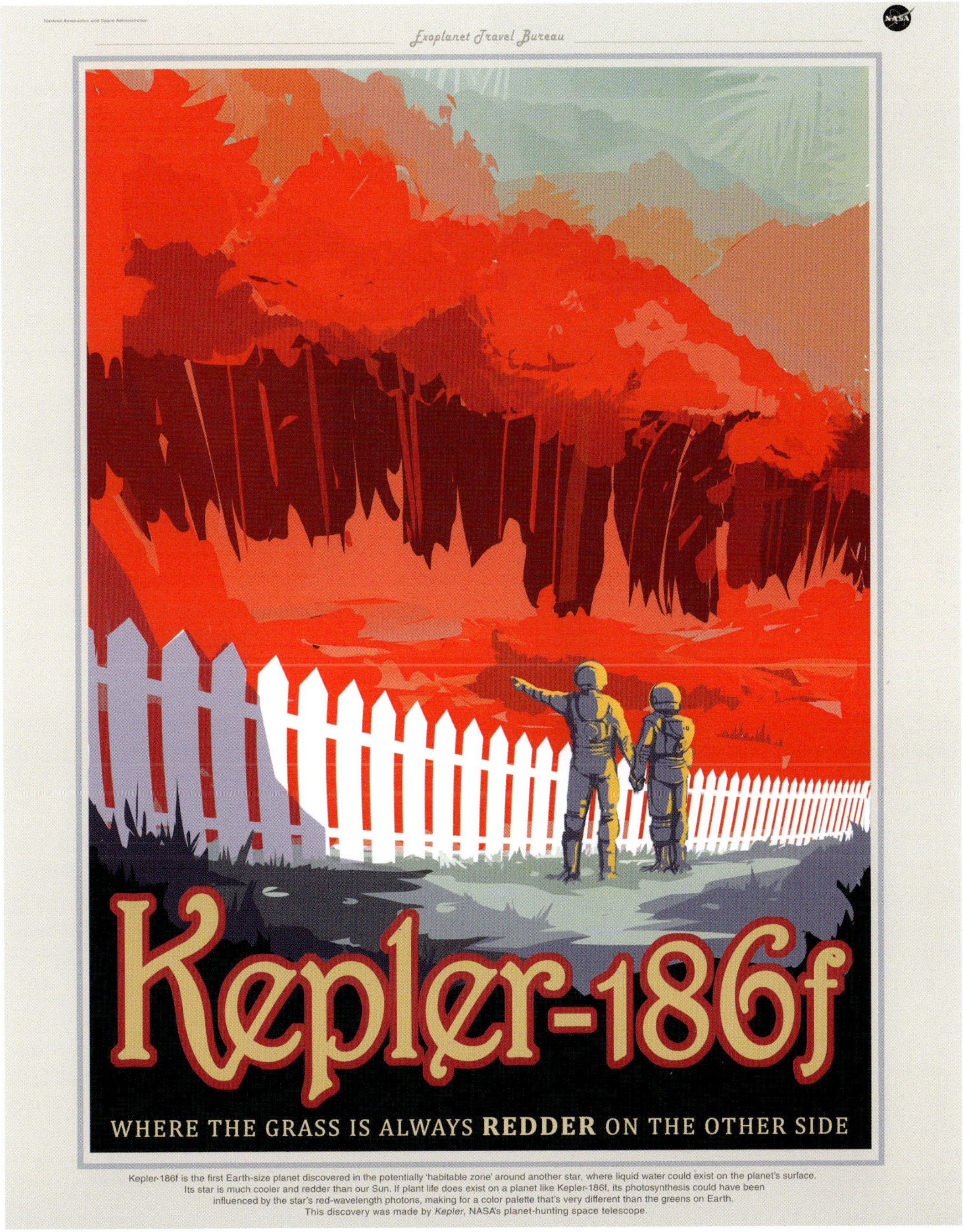

Abb. 12.7: Plakat des „Exoplanet Travel Bureau“. Buchungen werden aber noch nicht angenommen.

Abb. 12.6: Supererden besitzen eine größere Masse als die Erde, sind aber leichter als der Planet Uranus. Diese künstlerische Darstellung zeigt einen Größenvergleich zwischen der Erde und 55 Cancri e.

polarumlaufenden Bahn. Auf seiner Tagseite erreicht er Temperaturen um 4300 °C, er ist somit heißer als viele Sterne und als alle bisher entdeckten Planeten. Er besitzt eine ausgedehnte Wasserstoffatmosphäre, in der auch neutrales und ionisiertes Eisen sowie Titan nachgewiesen wurden. Die Atmosphäre, deren Ausmaß etwa dem halben Radius des Planeten entspricht, schwindet jedoch allmählich. Durch ihre große Ausdehnung erstreckt sie sich in Bereiche, in denen die Gravitation des Sterns so stark ist, dass Teile der Atmosphäre mit einer Rate von 100.000 Tonnen Wasserstoff pro Sekunde zum Stern hinübergezogen werden.

Die bislang vorgestellten Planeten gehörten alle der Klasse „Heiße Jupiter" an. Naturgemäß ist es deutlich schwieriger, Informationen über die kleineren Gesteinsplaneten zu erlangen. Dennoch versucht man auch, etwas über die Eigenschaften einiger „Supererden" zu erfahren. Der Planet **55 Cancri e** im Sternbild Krebs beispielsweise besitzt ungefähr die achtfache Masse sowie den doppelten Durchmesser der Erde (Abb. 12.6) und umrundet den Stern Copernicus A in nur 18 Stunden in gebundener Rotation. In der Atmosphäre konnten bisher Wasserstoff und Helium nachgewiesen werden, möglicherweise gibt es dort auch Blausäure, Stickstoff und Sauerstoff. Man vermutet zudem, dass die Oberfläche weitgehend mit Lava bedeckt ist.

Noch schwieriger gestaltet sich die Erforschung erdähnlicher Planeten. Der vermutlich erste entdeckte Planet dieser Art, der zudem innerhalb der habitablen Zone liegt, ist **Kepler 186 f** im Sternbild Schwan. Bislang gibt es allerdings keine Erkenntnisse über Atmosphäre und genaue Beschaffenheit des 500 bis 600 Lichtjahre entfernten Planeten. Es ist aber durchaus interessant, sich vorzustellen, wie es auf Kepler 186 f aussehen könnte. Angenommen, es gäbe auf dem Planeten pflanzliches Leben. Da es sich beim Zentralstern um einen sogenannten „Roten Zwerg" (Spektralklasse M) handelt, dessen Lichtspektrum mehr in den rötlichen Bereich hinein verschoben ist, könnte dies auch Auswirkungen auf die Fotosynthese haben. Es wäre also möglich, dass die Pflanzen dort andere Wellenlängen absorbieren als auf der Erde und somit auch andere Farben haben. Vielleicht gäbe es dort dann rote statt grüne Wälder. Dies ist jedoch reine Spekulation. Die NASA geht mit einer netten Idee noch einen Schritt weiter: Sie entwarf für verschiedene Exoplaneten fiktive Reiseplakate (siehe unter https://exoplanets.nasa.gov/multimedia/exoplanet-travel-bureau/), darunter auch für Kepler 186 f (Abb. 12.7). Während Reisen zu anderen Sternsystemen wohl noch sehr lange (wenn nicht für immer) Utopien bleiben werden, ist zu hoffen, dass man mit fortwährenden Verbesserungen in der Messtechnik immer mehr Informationen über diese vielfältigen exotischen Welten erlangt.

Service

Pollenflug

Nicht jeder freut sich auf die warme Jahreszeit, denn mit den wärmeren Tagen beginnt auch die Pollenflugsaison und immer mehr Menschen reagieren allergisch auf die Pollen von windblütigen Pflanzen (vor allem von Bäumen und Gräsern). Genau genommen sind es nicht die Pollen selbst, sondern Eiweiße auf der Oberfläche der Pollen, die eine Überreaktion des Immunsystems auslösen können. Eine zusätzliche Gefahr bringt die derzeitige Ausbreitung der Ambrosie (Traubenkraut), denn ihre Pollen zählen zu den stärksten Allergieauslösern.
Der Pollenflugkalender zeigt im Überblick, wann mit welchen Blütephasen zu rechnen ist. Angegeben sind die mittleren Blütezeiten für das Flachland bei durchschnittlichem Witterungsverlauf. Lang andauernde warme oder kalte Witterungsperioden können im Extremfall zu Verschiebungen von mehreren Wochen führen. Pollenallergiker können versuchen, sich den Einflüssen der betreffenden Pflanzen möglichst wenig auszusetzen. Die wichtigsten Auslöser für Pollenallergien sind:

Baumpollen:
- Hasel und Erle (Februar bis März)
- Birke und Esche (April bis Mai)

Gras- und Getreidepollen:
- Gräser und Roggen (Mai bis August)

Kräuterpollen:
- Beifuß, Ambrosie (Traubenkraut) (Juli bis September)

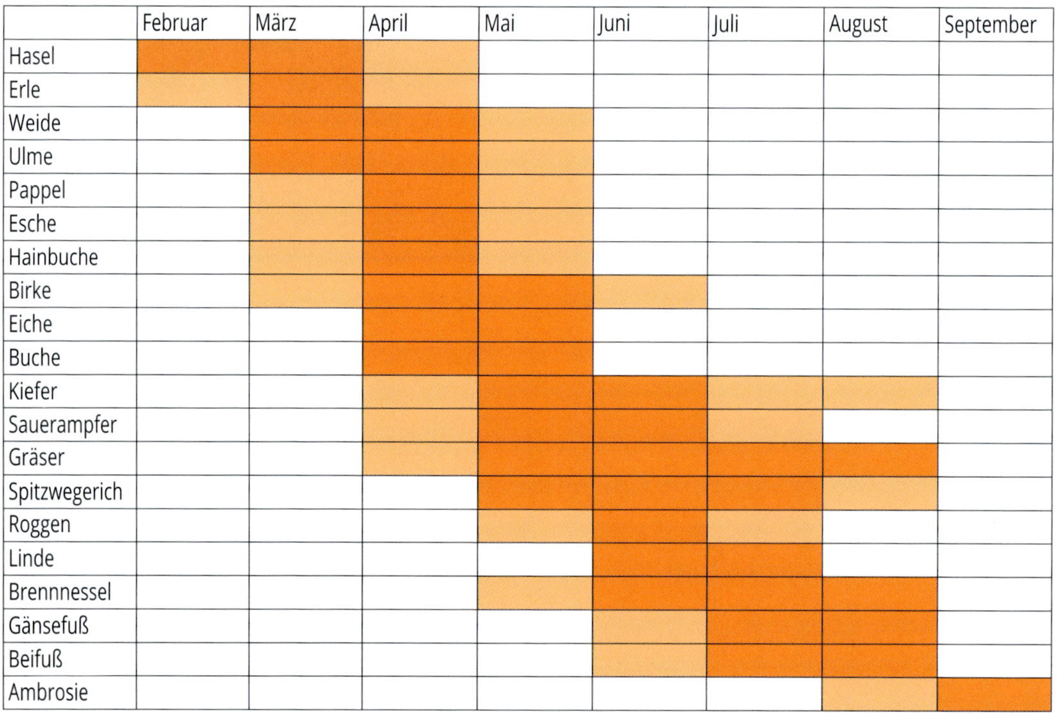

Die Farben bedeuten: Hauptblüte, Vor- oder Nachblüte.

Biowetter

Bei bestimmten Wetterphasen treten typische Beschwerden gehäuft auf. Andererseits gibt es auch Wetterphasen mit günstigem Einfluss auf den Organismus. Grundsätzlich gilt für diese sogenannten biotropen Wetterphasen: Das Wetter kann Beschwerden abschwächen oder verschlimmern, ist aber nicht die eigentliche Ursache für Erkrankungen.

Die fünf biotropen Wetterphasen

Hochdruckwetter: im Winterhalbjahr teils neblig, teils sonnig und kalt; im Sommerhalbjahr sonnig und meist angenehm warm.
Abziehendes Hoch mit Wind aus südlichen Richtungen: im Winterhalbjahr bodennahe Kaltluftreste, sonst mild, an den Alpen föhnig; im Sommer warm, lokale Wärmegewitter.
Warmluftzufuhr vor einem heranziehenden Tiefdruckgebiet: im Winterhalbjahr mild und vor allem in Norddeutschland regnerisch bei aufkommendem westlichen Wind; im Sommerhalbjahr feucht-warm und gewittrig.
Kaltluftzufuhr, eingeleitet von einer Kaltfront aus westlichen Richtungen: zu allen Jahreszeiten zuerst Regen und Abkühlung, dann wechselhaft mit Schauern.
Wetterberuhigung: im Winterhalbjahr Wolkenauflösung und besonders nachts weiterer Temperaturrückgang; im Sommerhalbjahr tagsüber zeitweise viele Quellwolken und kühl, nachts klar.

	Hochdruckwetter	abziehendes Hoch	Warmluftzufuhr	Kaltluftzufuhr	Wetterberuhigung
Befindensstörungen		belastend	belastend		
Blutdruck zu niedrig		belastend	belastend	günstig	günstig
Blutungen		belastend	belastend		
Nervosität		belastend	belastend		
Schlafstörung	günstig	belastend	belastend		günstig
Kopfschmerz		belastend	belastend	belastend	
Krämpfe		belastend		belastend	
Depression			belastend		
Embolie			belastend		
Entzündungen			belastend		
Migräne			belastend		
Thrombose			belastend		
Unfallrisiko			belastend		
Herzinfarkt	günstig		belastend	belastend	günstig
Phantomschmerz			belastend	belastend	
Angina pectoris	günstig			belastend	
Blutdruck erhöht			günstig	belastend	
Diabetes				belastend	
Koliken				belastend	
Rheuma/Arthritis				belastend	

Die Farben bedeuten: Wetterphasen mit ■ günstigem Einfluss, mit ■ belastendem Einfluss.

UV-Index

Die UV-Strahlung der Sonne ist energiereich und hat eine hohe biologische Wirksamkeit. In größeren Mengen ist UV-Strahlung besonders für die Haut gefährlich.
Der UV-Index ist ein Maß für die sonnenbrandwirksame UV-Strahlung und wird weltweit einheitlich berechnet. Da die UV-Strahlung vor allem vom Sonnenstand abhängt, ändert sich der UV-Index am stärksten mit der Jahreszeit und der geographischen Breite. In den Medien wird der erwartete Tageshöchstwert angegeben, der je nach Dicke der Ozonschicht, Wolkenmenge oder Lufttrübungsgrad etwas unter oder über den Mittelwerten liegt. Im Hochgebirge und hier besonders über Schneeflächen ist die UV-Strahlung lokal deutlich erhöht (um bis zu 100 Prozent).
Je höher der UV-Index ist, desto höher liegt das Sonnenbrandrisiko. Die in der Tabelle angegebenen Zeiten beziehen sich auf ungebräunte Haut eines durchschnittlichen Mitteleuropäers. Bei sehr heller Haut mit Sommersprossen und rötlichen Haaren ist die Empfindlichkeit noch höher, bei hellbrauner Haut und dunklen Haaren dagegen niedriger. Der Lichtschutzfaktor einer Sonnencreme sollte vor allem bei empfindlicher Haut mindestens doppelt so hoch wie der UV-Index sein.

UV-Index	Zeit bis zum Beginn eines Sonnenbrandes
0 bis 1	--
2 bis 3	ca. 60 min.
4 bis 5	30 bis 45 min.
6 bis 7	20 bis 30 min.
8 bis 9	unter 20 min.

Wann kann der Aufenthalt in der Sonne gefährlich werden? Die „UV-Uhren" (siehe Grafiken unten) zeigen für die Monate April bis September, wie sich der UV-Index jeweils im Tagesverlauf verändert. Die Angaben gelten für mitteleuropäische Orte in Höhenlagen unter 1000 m. Voraussetzung ist natürlich, dass die Sonne scheint. Kleine Schönwetterwolken und dünne Wolkenschichten beeinflussen die UV-Strahlung aber kaum. Erst eine dunkle geschlossene Wolkendecke reduziert die UV-Strahlung beträchtlich.

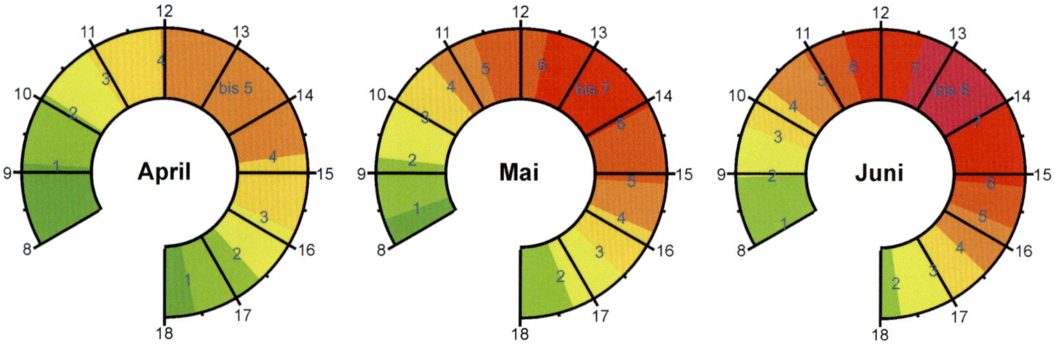

„UV-Uhren" für Mitte April bis Mitte Juni, Zeiten in MESZ. Angegeben ist der mittlere Tagesgang für den UV-Index an einem sonnigen Tag im Flachland. In den orange bis rot markierten Zeitabschnitten besteht erhöhtes Sonnenbrandrisiko (Fortsetzung auf der nächsten Seite).

	J	F	M	A	M	J	J	A	S	O	N	D
Nordeuropa, Sibirien, Alaska	0 bis 1	0 bis 1	0 bis 1	2 bis 3	4 bis 5	4 bis 5	4 bis 5	4 bis 5	2 bis 3	0 bis 1	0 bis 1	0 bis 1
Mitteleuropa, Kanada (Süd), USA (Nord)	0 bis 1	2 bis 3	2 bis 3	4 bis 5	6 bis 7	6 bis 7	6 bis 7	6 bis 7	4 bis 5	2 bis 3	0 bis 1	0 bis 1
Südeuropa, Türkei, USA (Mitte), Japan	2 bis 3	4 bis 5	4 bis 5	6 bis 7	8 bis 9	8 bis 9	10 bis 11	8 bis 9	6 bis 7	4 bis 5	2 bis 3	2 bis 3
Kanaren, Nordafrika, USA (Süd), China (Mitte)	4 bis 5	4 bis 5	6 bis 7	8 bis 9	10 bis 11	10 bis 11	10 bis 11	10 bis 11	8 bis 9	6 bis 7	4 bis 5	2 bis 3
Hawaii, Mexiko, Karibik, Indien (Mitte), Thailand	6 bis 7	8 bis 9	10 bis 11	10 bis 11	10 bis 11	10 bis 11	12 bis 13	10 bis 11	10 bis 11	8 bis 9	6 bis 7	6 bis 7
Kenia, Malediven, Singapur, Indonesien	10 bis 11	12 bis 13	12 bis 13	12 bis 13	10 bis 11	10 bis 11	10 bis 11	10 bis 11	12 bis 13	12 bis 13	10 bis 11	10 bis 11
Australien (Nord), Madagaskar, Brasilien (Süd)	12 bis 13	12 bis 13	10 bis 11	8 bis 9	6 bis 7	6 bis 7	6 bis 7	8 bis 9	10 bis 11	10 bis 11	12 bis 13	12 bis 13
Australien (Süd), Südafrika, Argentinien (Nord)	8 bis 9	8 bis 9	6 bis 7	4 bis 5	2 bis 3	2 bis 3	2 bis 3	4 bis 5	6 bis 7	6 bis 7	8 bis 9	8 bis 9
Neuseeland, Argentinien (Süd)	6 bis 7	6 bis 7	4 bis 5	2 bis 3	0 bis 1	0 bis 1	0 bis 1	2 bis 3	4 bis 5	6 bis 7	6 bis 7	8 bis 9

Farblegende:

UV-Index	0 bis 1	2 bis 3	4 bis 5	6 bis 7	8 bis 9	10 bis 11	12 bis 13

Weltweite Übersicht für den UV-Index. Die angegebenen Werte sind mittlere Tageshöchstwerte (jeweils zur Monatsmitte) für Höhenlagen unter 1000 m.

Kleidung und Schatten bieten nur teilweise Schutz vor UV-Strahlung. Der Schatten unter einem Sonnenschirm ohne speziellen UV-Schutz entspricht einem Lichtschutzfaktor von 5, das heißt es dauert im Schatten fünfmal länger bis zu einem „Sonnenbrand" als in direkter Sonne. Leichte Baumwollkleidung hat den Lichtschutzfaktor 5 bis 10, dichte Baumwollkleidung einen von ca. 20 und bei UV-Schutzkleidung kann er 80 erreichen. Schweiß, Meerwasser und Abnutzung können den Lichtschutzfaktor um ein Drittel mindern.

Die sommerlichen Höchstwerte für den UV-Index werden in Deutschland meist zwischen Mitte Juni und Mitte Juli erreicht, sie liegen normalerweise zwischen 7 und 8, in Extremfällen bei 9. In den höheren Lagen der Alpen werden vor allem über Schnee auch Werte bis 10 erreicht. Im Mittelmeerraum und vor allem in den Tropen liegen die Höchstwerte auch in tiefen Lagen noch darüber (siehe Tabelle oben). Die weltweit höchsten Werte für den UV-Index von über 17 herrschen in den äquatornahen Hochflächen der Anden.

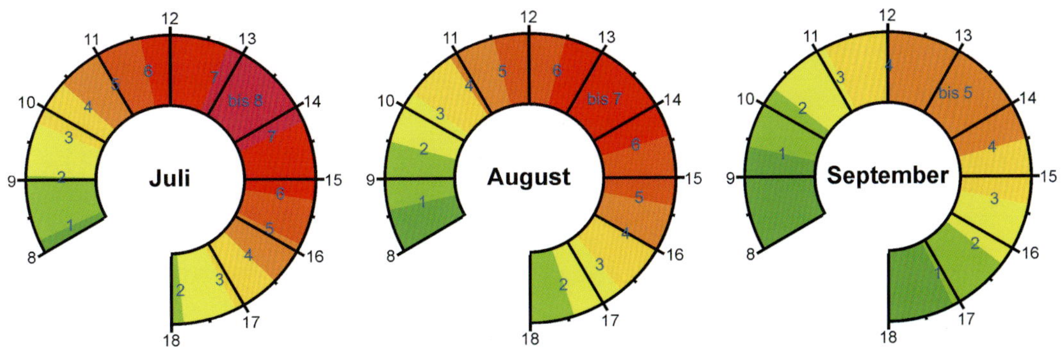

„UV-Uhren" für Mitte Juli bis Mitte September, Zeiten in MESZ. In den Stunden zwischen 10 und 16 Uhr werden generell die höchsten Werte des Tages erreicht, je nach atmosphärischem Zustand kann der UV-Index dabei um ±1 schwanken.

Jahreszeiten in der Natur

Die Eintrittstermine von Blüte, Reife oder Laubfall teilen das Jahr in zehn natürliche Jahreszeiten. Wegen der unterschiedlichen Witterungsverhältnisse schwanken die Eintrittstermine von Jahr zu Jahr um zwei bis drei Wochen.

Jahreszeit	Signalpflanzen	Landwirtschaft	Zeitraum (Flachland-Mittelwerte)
Vorfrühling	Schneeglöckchen- und Krokusblüte; Haselkätzchen stäuben; Huflattichblüte	Wachstumsbeginn bei Gras	Mitte Februar bis Mitte März
Erstfrühling	Forsythienblüte; Löwenzahn- und Himmelschlüsselblüte; Kirschblüte; Ende mit Blattentfaltung von Rotbuche, Linde, Ahorn	Aussaat von Sommergetreide, Sonnenblumen, Mais, Rüben	Ende März bis Ende April
Vollfrühling	Apfel- und Fliederblüte; Rosskastanienblüte; Blüte der Eberesche; Beginn des Maitriebs von Fichten	Blüte von Winterraps; Aufgehen der Kartoffeln; Wachstumsbeginn bei Mais	bis Mitte Mai
Frühsommer	Holunderblüte; Blühen der Gräser, Heckenrose und Robinie; Ende, wenn die ersten Süßkirschen reifen	erste Heuernte; Ährenbildung bei Winterweizen und Winterroggen	Ende Mai bis Ende Juni
Hochsommer	Lindenblüte; Johannis- und Stachelbeeren reifen	Sonnenblumenblüte; Beginn der Getreideernte	Juli
Spätsommer	rote Beeren an den Ebereschen; Reife der Frühzwetschgen; gegen Ende Herbstzeitlosenblüte	Grummeternte (zweites Heu); Ende der Getreideernte	bis Mitte August
Frühherbst	Schwarzer Holunder ist reif; Birnen sind reif; Ende mit Reife der Hauszwetschgen	Aussaat von Winterraps; Beginn der Maisernte	Ende August, erste Septemberhälfte
Vollherbst	Rosskastanien fallen vom Baum; Eicheln und Walnüsse reifen; in der zweiten Hälfte Laubfärbung, Blattfall bei Obstbäumen und Ahorn	Weinlese; Aussaat von Wintergerste und Winterroggen; gegen Ende Rübenernte	zweite Septemberhälfte bis Mitte Oktober
Spätherbst	Allgemeiner Laubfall	Winterweizenaussaat	Ende Oktober bis Mitte November
Winter	Ende des Laubfalles bis Beginn der Schneeglöckchenblüte	Aufgang des Wintergetreides	Ende November bis erste Februarhälfte

Infos und Tipps

Wetterinformationen

Im **Internet** gibt es eine Fülle von Wettervorhersagen, Wetterkarten und weiterführenden Informationen zu den Themen im Wetterjahr. Unter www.wetterjahr.de finden Sie eine Zusammenstellung empfehlenswerter Internetadressen und zusätzliche Hinweise.

Die **Berliner Wetterkarte** wird täglich erstellt und umfasst Boden- und Höhenwetterkarten (Analysen und Vorhersagen), Satellitenbilder, Karten mit den Messwerten deutscher Stationen (z. B. Tiefst- und Höchsttemperaturen, Sonnenscheindauer, Niederschlagsmengen), weltweite Wetterwerte sowie Vorhersagen für Deutschland und den Berliner Raum. Außerdem erscheinen monatliche Statistiken und zahlreiche Sonderbeilagen. Anschrift: Verein Berliner Wetterkarte, c/o Institut für Meteorologie der FU Berlin, Carl-Heinrich-Becker-Weg 6-10, 12165 Berlin. Der tägliche Bezug der Berliner Wetterkarte kostet pro Monat inkl. Versand 28,50 € (Stand Januar 2018). Neben der gedruckten Berliner Wetterkarte gibt es auch eine noch ausführlichere Internetversion (168 € pro Jahr, mehr Informationen unter www.berliner-wetterkarte.de).

Der **Europäische Meteorologische Kalender** wird von der Deutschen Meteorologischen Gesellschaft (DMG) herausgegeben und ist ein Wandkalender im DIN-A3-Format. Er enthält auf der Rückseite der Bilder interessante Texte zu ausgewählten meteorologischen Themen. Das Motto des Kalenders im Jahr 2019 ist diesmal „Stadt und Klima" (Ladenpreis: 19,90 €, Direkt-Bezugpreis 16,50 € + Versand). Weitere Informationen unter www.dmg-ev.de/gesellschaft/publikationen/kalender.htm).

Eigene Messungen

Ideal für eigene Messungen sind Temperatur, Luftfeuchte und Luftdruck. Die am häufigsten gemessene meteorologische Größe ist wahrscheinlich die Temperatur. Im Prinzip geht das auch sehr einfach. Kompliziert wird es, wenn man Wert auf höhere Genauigkeit legt. Dann genügt nicht nur ein schattiger Standort. Das Thermometer sollte in einiger Entfernung von Gebäuden angebracht werden, gut belüftet und gegen indirekte Sonnenstrahlung geschützt sein sowie nicht nass werden. Auch wenn diese Kriterien oft nur zum Teil erfüllt sind, liefert die eigene Temperaturmessung dennoch einen guten Anhaltspunkt zur Wettereinschätzung. Sie kann aber natürlich nicht so genau sein wie die „offiziellen" Werte, die in einer Wetterhütte zwei Meter über einer gemähten Wiese gemessen werden.

Die Luftfeuchte ist nicht nur zur Beurteilung des Raumklimas interessant. So fühlt man sich bei einer relativen Luftfeuchte um 50 % am wohlsten. Auch in der Außenluft spielt die Luftfeuchte eine wichtige Rolle. Während 25 °C bei 30 % relativer Luftfeuchte als sehr angenehm empfunden werden, sind 25 °C bei 60 % relativer Luftfeuchte unangenehm schwül. Die Messung der Luftfeuchte hilft außerdem bei der Abschätzung der Tiefsttemperaturen, beispielsweise zur Beurteilung der Nachtfrostgefahr. In trockener Luft sinken die Temperaturen nachts weiter ab als in feuchter Luft.

Beim Luftdruck sind weniger die aktuellen Werte interessant, sondern die Luftdruckänderungen im Verlauf von mehreren Stunden. Kräftiger Druckfall bedeutet fast immer einen Umschwung zu wechselhaftem Wetter, auch bei relativ hohen absoluten Werten.

Symbole und Begriffe

Wetterkartensymbole

Wolken

- Sonnig
- Sonnig, nur wenig Wolken
- Wolkig
- Viele Wolken, noch einige Lücken
- Bedeckt

Niederschlag

- Nebel
- Nieseln
- Regen
- Schnee
- Schauer
- Gewitter

Fronten

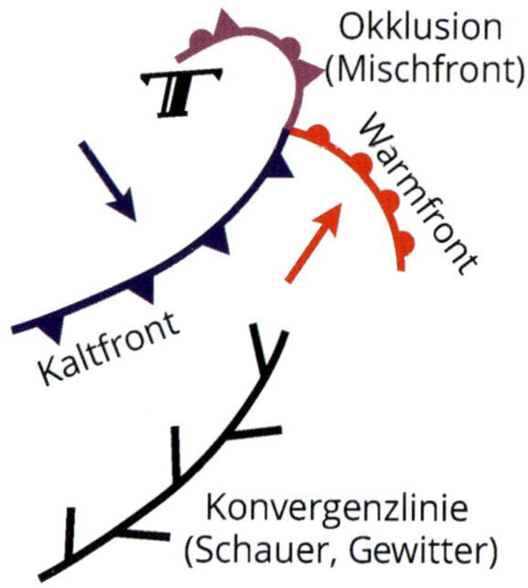

Wind

Zur Darstellung von Windrichtung und Windgeschwindigkeit werden Windpfeile verwendet. Die Striche zeigen immer in Richtung des tieferen Luftdrucks. Ein kurzer Strich bedeutet eine Windgeschwindigkeit von 5 kn (ca. 9 km/h), ein langer 10 kn (ca. 19 km/h), ein Dreieck 50 kn (ca. 93 km/h).

Temperaturbegriffe

Kälte	
Tiefstwert unter 0 °C	Frosttag
ganztägig unter 0 °C	Eistag

Wärme	
Höchstwert mindestens 25 °C	Sommertag
Höchstwert mindestens 30 °C	Heißer Tag (Tropentag)
Tiefstwert nicht unter 20 °C	Tropennacht

Anmerkungen:
Ein Eistag wird auch als Frosttag gezählt und ein Heißer Tag auch als Sommertag.
Die Temperaturen werden in einer Höhe von 2 m gemessen. In manchen Nächten kommt es vor, dass nur am Erdboden Frost herrscht (Bodenfrost). So ein Fall wird nicht als Frosttag gewertet.

Windstärken

Die Windstärke wird durch die Wirkung des Windes auf Gegenstände bestimmt. Der britische Admiral Sir Francis Beaufort (1774 – 1857) hat die nach ihm benannte Skala eingeführt. Die Windgeschwindigkeiten wurden erst später hinzugefügt. Die in der Tabelle angegebenen Windgeschwindigkeiten gelten für eine Höhe von 10 m über ebenem Boden. Die Umrechnung der Windgeschwindigkeit von Kilometer pro Stunde (km/h) in Meter pro Sekunde (m/s) oder in Knoten (kn) geht folgendermaßen:
1 kn = 1,852 km/h;
1 m/s = 3,6 km/h.

Windstärke in Beaufort (Bft)	Windgeschwindigkeit (in km/h)	Bezeichnung	Windwirkungen und Erläuterungen
0	kleiner als 1	Stille	Keine Windwirkungen; Rauch steigt gerade nach oben.
1	1 bis 5	leichter Zug	Wind kaum spürbar; Rauch treibt in die Richtung des Windes.
2	6 bis 11	leichter Wind	Wind bewegt Laub (oder einen Wimpel); leicht bewegliche Windfahnen zeigen die Windrichtung bereits an.
3	12 bis 19	schwacher Wind	Wind streckt einen Wimpel, setzt Laub und dünne laubtragende Zweige in ununterbrochene Bewegung.
4	20 bis 28	mäßiger Wind	Wind setzt laubtragende Zweige und dünnere Äste in Bewegung; Staub und lockerer Schnee werden aufgewirbelt.
5	29 bis 38	frischer Wind	Kleinere Laubbäume beginnen zu schwanken; auf Binnenseen haben Wellen ausgeprägte Schaumkronen.
6	39 bis 49	starker Wind	Wind bewegt große laubtragende Baumäste, pfeift in freien Drahtleitungen.
7	50 bis 61	steifer Wind	Ganze Bäume schwanken; Gehen bei Gegenwind ist behindert.
8	62 bis 74	stürmischer Wind	Wind bricht Zweige von laubtragenden Bäumen; Gehen im Freien ist behindert.
9	75 bis 88	Sturm	Kleinere Schäden an Häusern, Rauchkappen und Dachziegel werden herabgeweht.
10	89 bis 102	schwerer Sturm	Bäume werden entwurzelt; bedeutende Schäden an Häusern treten auf.
11	103 bis 117	orkanartiger Sturm	Selten im Binnenland. Auf See: hohe Wellenberge; Wellenberge werden überall zu Gischt verweht.
12	118 bis 133	Orkan	Sehr selten im Binnenland. Auf See: Luft ist mit Schaum und Gischt angefüllt, keine Fernsicht mehr.

Klimatabellen

Die angegebenen Werte sind typische Mittelwerte für die jeweilige Region. Es handelt sich nicht um Messwerte von bestimmten Orten. Je nach Wetterlage können die aktuellen Temperaturen natürlich mehr oder weniger von den Mittelwerten abweichen.
In **Deutschland** nimmt der atlantische Einfluss von Nordwest nach Südost ab, wobei der Temperaturunterschied zwischen Winter und Sommer immer größer wird. Die Niederschlagsmengen sind im Westen höher als im Osten, mit starken Schwankungen je nach Geländeform. Die höchsten Niederschlagsmengen gibt es im **Schwarzwald** und am **Alpennordrand** infolge von Staulagen und sommerlichen Gewitterregen. In den **südösterreichischen Beckenlagen** sind die Winter kalt, da sich hier bodennahe Kaltluft lange halten kann. Am **Mittelmeer** verlaufen die Winter mild und feucht, die Sommer dagegen heiß und trocken. Im Herbst bleiben die Wassertemperaturen lange über 20 °C.

Nordseeinseln: höchste Wassertemperatur im August, viel Regen im Herbst

	Jan.	Feb.	März	April	Mai	Juni	Juli	Aug.	Sep.	Okt.	Nov.	Dez.
Höchsttemperatur (°C)	3	3	5	9	14	17	19	19	16	13	8	5
Tiefsttemperatur (°C)	-1	-1	1	4	8	12	13	14	12	9	4	1
Niederschlag (mm)	60	40	50	40	45	60	65	70	85	90	90	75
Wassertemperatur (°C)	5	4	5	7	11	14	17	18	16	14	10	7

Münsterland: milde Winter durch Nordsee-Einfluss

	Jan.	Feb.	März	April	Mai	Juni	Juli	Aug.	Sep.	Okt.	Nov.	Dez.
Höchsttemperatur (°C)	4	5	9	13	18	21	22	22	19	14	9	5
Tiefsttemperatur (°C)	-1	0	2	5	8	11	13	13	10	7	4	1
Niederschlag (mm)	70	55	60	50	65	75	80	70	65	60	70	75

Oberrhein: im Sommer oft warm wie am Mittelmeer

	Jan.	Feb.	März	April	Mai	Juni	Juli	Aug.	Sep.	Okt.	Nov.	Dez.
Höchsttemperatur (°C)	4	6	11	16	20	23	26	25	22	15	9	5
Tiefsttemperatur (°C)	-2	-1	2	5	9	12	14	14	11	7	2	0
Niederschlag (mm)	55	50	50	60	80	85	75	70	60	55	60	60

Italien/nördliche Adria: sehr warme Sommer mit einigen Gewittern

	Jan.	Feb.	März	April	Mai	Juni	Juli	Aug.	Sep.	Okt.	Nov.	Dez.
Höchsttemperatur (°C)	6	8	12	17	21	25	28	28	24	18	13	8
Tiefsttemperatur (°C)	1	2	5	10	14	17	19	18	17	12	7	3
Niederschlag (mm)	50	45	60	65	65	70	60	75	70	75	90	65
Wassertemperatur (°C)	10	9	10	13	17	21	23	24	22	18	14	12

Niederlausitz: eine trockene Region, im Sommer warm

	Jan.	Feb.	März	April	Mai	Juni	Juli	Aug.	Sep.	Okt.	Nov.	Dez.
Höchsttemperatur (°C)	2	3	8	14	19	22	24	23	20	14	8	3
Tiefsttemperatur (°C)	-4	-3	0	4	9	11	13	13	10	6	2	-2
Niederschlag (mm)	35	30	30	45	55	65	55	65	45	40	40	45

Niederbayern: kalte Winter, warme Sommer

	Jan.	Feb.	März	April	Mai	Juni	Juli	Aug.	Sep.	Okt.	Nov.	Dez.
Höchsttemperatur (°C)	1	2	9	14	19	22	24	23	20	13	6	2
Tiefsttemperatur (°C)	-5	-4	-1	3	7	11	12	12	9	5	0	-3
Niederschlag (mm)	55	45	50	50	75	95	85	90	65	55	60	60

Nordalpentäler: hohe Niederschlagsmengen mit Schwankungen von Tal zu Tal

	Jan.	Feb.	März	April	Mai	Juni	Juli	Aug.	Sep.	Okt.	Nov.	Dez.
Höchsttemperatur (°C)	2	4	9	13	18	20	22	22	19	13	7	3
Tiefsttemperatur (°C)	-6	-5	-2	2	6	9	11	10	8	4	-1	-5
Niederschlag (mm)	105	90	95	105	135	190	205	180	120	90	95	85

Österreich/Beckenlagen im Südosten: kalte Winter durch Inversionswetter

	Jan.	Feb.	März	April	Mai	Juni	Juli	Aug.	Sep.	Okt.	Nov.	Dez.
Höchsttemperatur (°C)	0	4	9	15	20	23	25	24	20	14	6	2
Tiefsttemperatur (°C)	-7	-5	-1	4	8	11	13	12	9	5	0	-4
Niederschlag (mm)	40	40	45	65	90	115	120	100	85	65	70	50

Spanien/Mallorca: im Nordwesten mehr Regen als im Süden, im Sommer heiß

	Jan.	Feb.	März	April	Mai	Juni	Juli	Aug.	Sep.	Okt.	Nov.	Dez.
Höchsttemperatur (°C)	14	15	17	19	23	27	29	30	27	23	18	15
Tiefsttemperatur (°C)	6	6	8	10	13	16	19	20	18	14	10	7
Niederschlag (mm)	40	35	35	30	25	20	5	25	55	80	60	50
Wassertemperatur (°C)	14	13	14	15	17	21	24	25	24	21	18	15

Griechenland/südliche Ägäis: die sommerliche Dürreperiode endet im Oktober

	Jan.	Feb.	März	April	Mai	Juni	Juli	Aug.	Sep.	Okt.	Nov.	Dez.
Höchsttemperatur (°C)	15	16	17	21	25	29	31	31	28	25	20	17
Tiefsttemperatur (°C)	7	8	9	12	15	19	21	22	20	15	12	9
Niederschlag (mm)	95	75	55	30	15	5	0	0	20	60	70	80
Wassertemperatur (°C)	17	16	16	17	19	21	23	25	24	22	20	18

Sonnenauf- und Sonnenuntergang

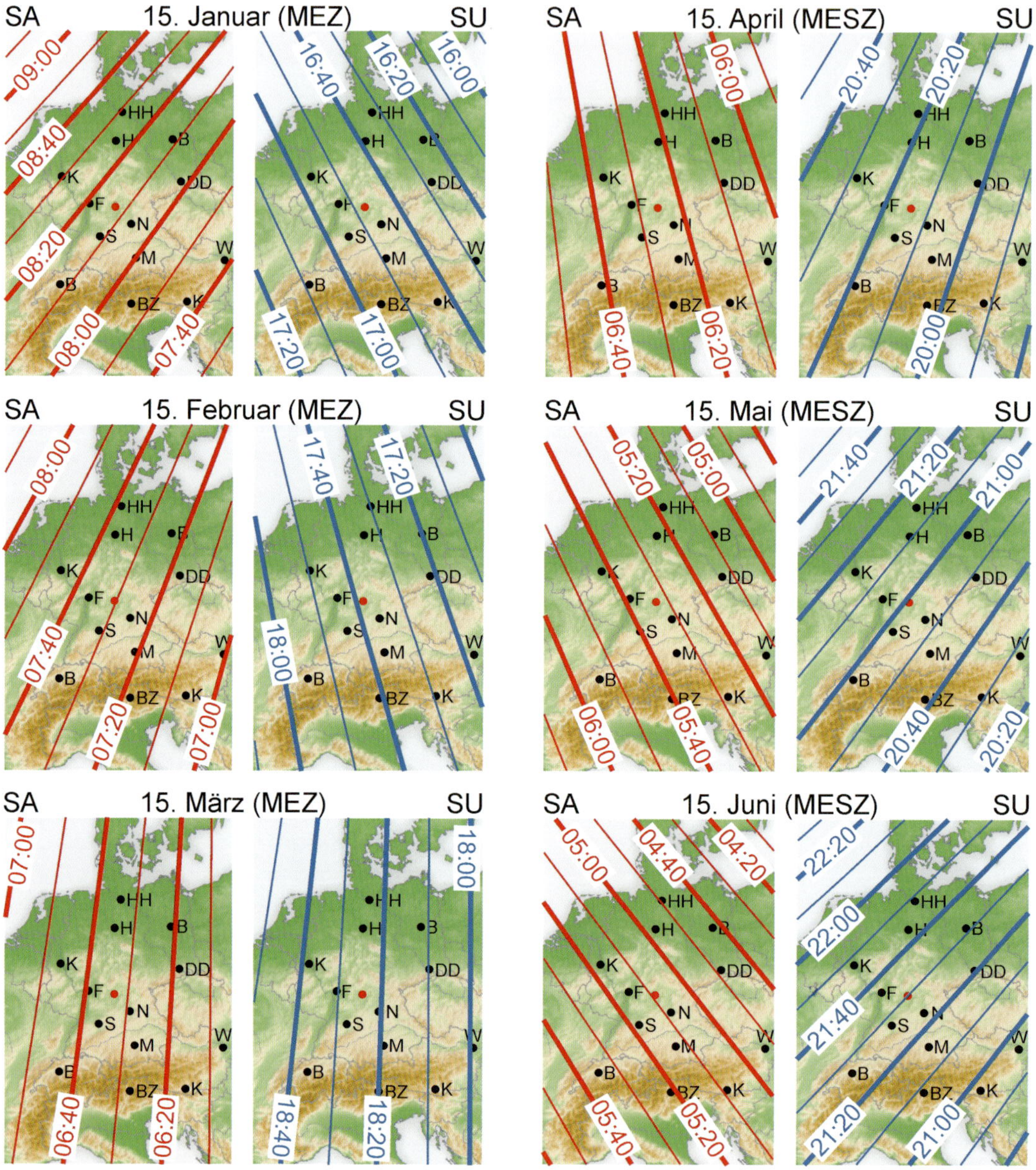

Im Wetterkalender sind die Sonnenaufgangs- und Sonnenuntergangszeiten für den roten Punkt zwischen Frankfurt a. M. (F) und Nürnberg (N) eingetragen. Die übrigen Abkürzungen stehen für Hamburg (HH), Hannover (H), Berlin (B), Köln (K), Dresden (DD), Stuttgart (S), München (M), Bern (B), Bozen (BZ), Klagenfurt (K) und Wien (W) sowie für Mitteleuropäische Zeit (MEZ) und Mitteleuropäische

SA 15. Juli (MESZ) SU

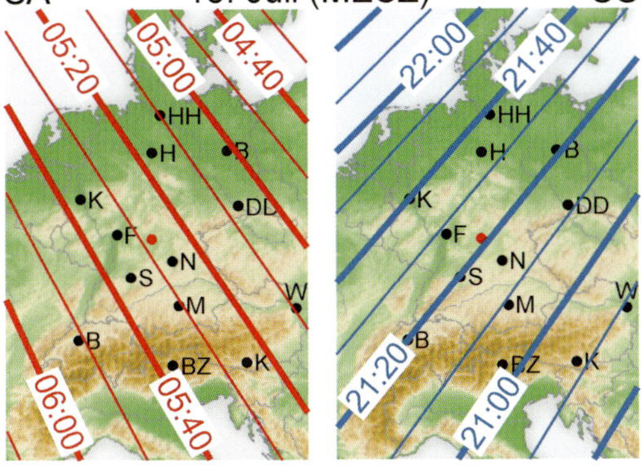

SA 15. Oktober (MESZ) SU

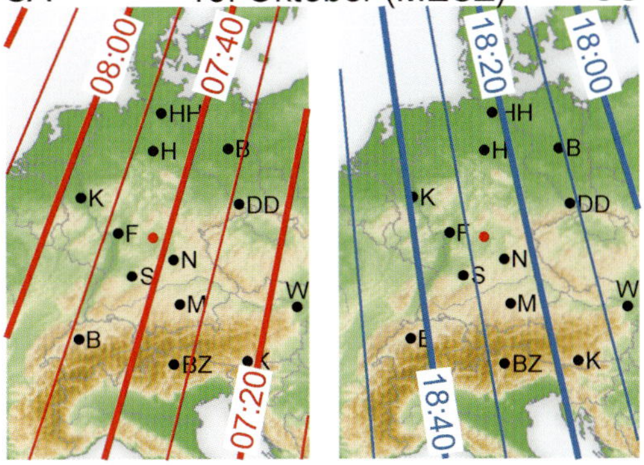

SA 15. August (MESZ) SU

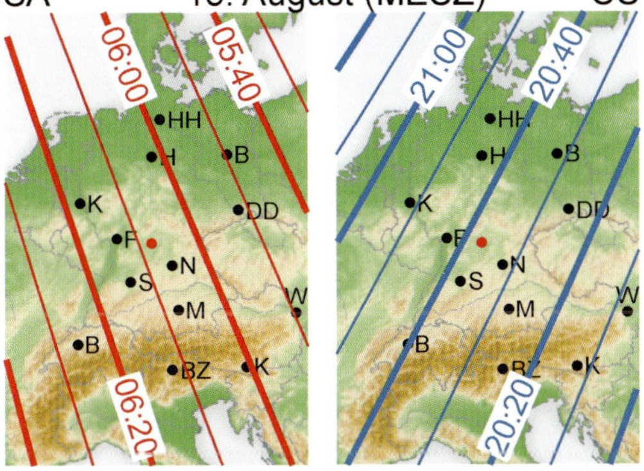

SA 15. November (MEZ) SU

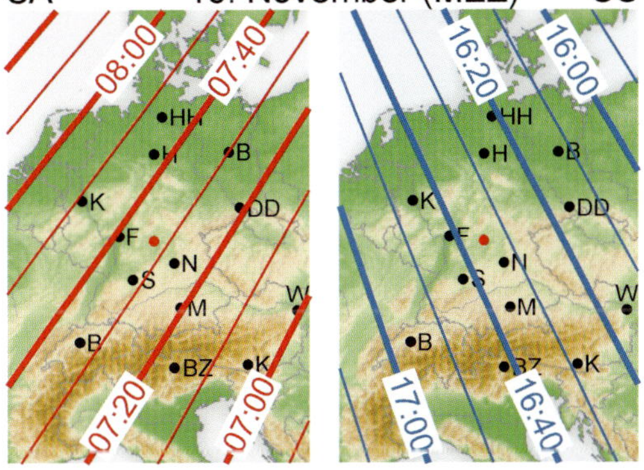

SA 15. September (MESZ) SU

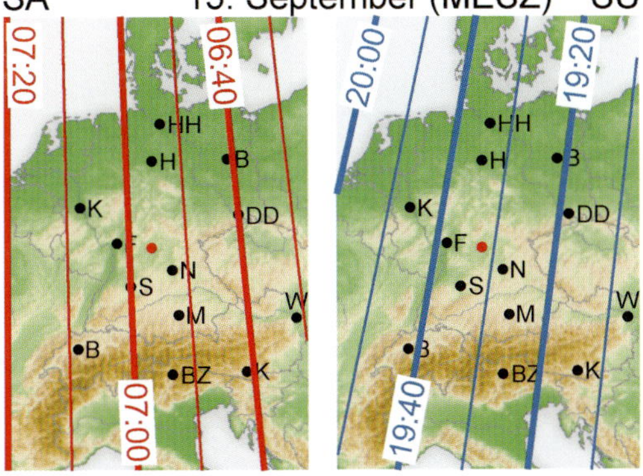

SA 15. Dezember (MEZ) SU

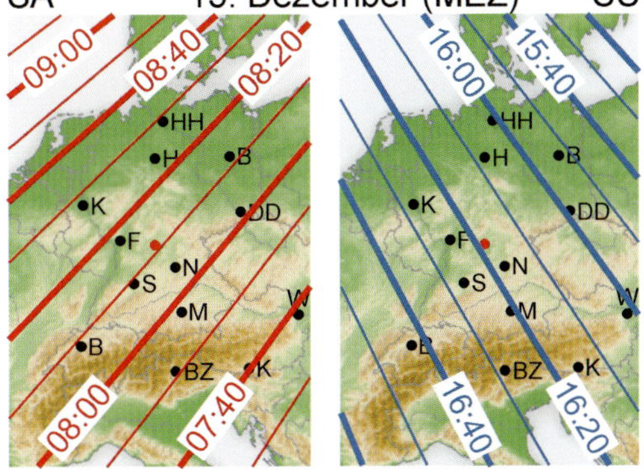

Sommerzeit (MESZ). Anhand der Grafiken lassen sich die Zeiten für die übrigen Orte ablesen. Auch kann man für jeden Monat einen Korrekturwert für den eigenen Standort bestimmen. Ein Beispiel: Mitte Februar geht die Sonne in München zehn Minuten früher auf als im Wetterkalender angegeben. Die Sonnenuntergangszeit muss in diesem Fall dagegen nur minimal korrigiert werden.

REGISTER

Quellen mit Bild sind durch (B) gekennzeichnet. Bei Mehrfachnennungen behandeln fett gedruckte Verweise ein Thema am ausführlichsten.